C语言程序设计（第4版）学习辅导

谭浩强 ◎ 编著

清華大学出版社
北京

内容简介

本书是与谭浩强所著的《C语言程序设计》(第4版)(清华大学出版社出版)配套使用的参考书。全书分为四部分:第一部分是《C语言程序设计》(第4版)一书的习题和参考解答,包括该书各章的全部习题,其中编程习题给出的参考解答中约有100个程序;第二部分是常见错误分析和程序调试;第三部分是C语言上机指南,详细介绍了在Turbo C++ 3.0、Visual C++ 6.0和Visual Studio 2010集成环境下编辑、编译、调试和运行程序的方法;第四部分是上机实验,提供了学习本课程应当进行的12个实验。

本书是学习C语言的一本好参考书,不仅可以作为《C语言程序设计》(第4版)的参考书,而且可以作为任何C语言教材的参考书;既适于高等学校师生使用,也可供报考计算机等级考试者和其他自学者参考。

图书在版编目(CIP)数据

C语言程序设计(第4版)学习辅导/谭浩强编著. —北京:清华大学出版社,2020.2 (2022.12 重印)
ISBN 978-7-302-54459-3

Ⅰ. ①C… Ⅱ. ①谭… Ⅲ. ①C语言—程序设计—高等职业教育—教学参考资料 Ⅳ. ①TP312.8

中国版本图书馆CIP数据核字(2019)第264487号

责任编辑:谢 琛
封面设计:刘 键
责任校对:徐俊伟
责任印制:沈 露
出版发行:清华大学出版社
网 址:http://www.tup.com.cn, http://www.wqbook.com
地 址:北京清华大学学研大厦A座 **邮 编**:100084
社 总 机:010-83470000 **邮 购**:010-62786544
投稿与读者服务:010-62776969, c-service@tup.tsinghua.edu.cn
质量反馈:010-62772015, zhiliang@tup.tsinghua.edu.cn
课件下载:http://www.tup.com.cn,010-83470236
印 装 者:三河市龙大印装有限公司
经 销:全国新华书店
开 本:185mm×260mm **印 张**:16 **字 数**:369千字
版 次:2020年4月第1版 **印 次**:2022年12月第4次印刷
定 价:39.80元

产品编号:083931-01

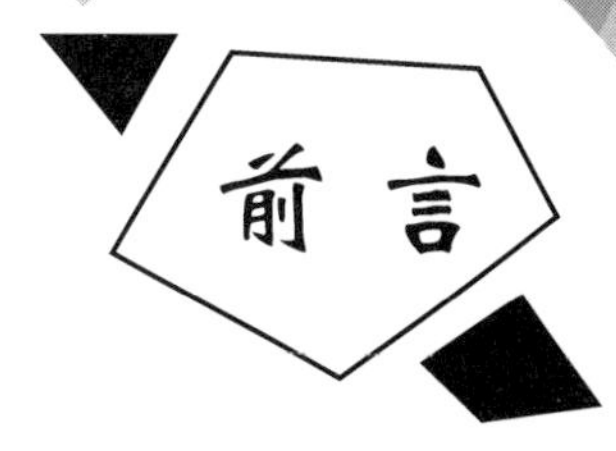

C 语言是国内外广泛使用的计算机语言。许多高校都开设了“C 语言程序设计”课程。作者于 1991 年编写了《C 程序设计》。该书出版后，受到广大读者的欢迎，认为该书概念清晰、叙述详尽、例题丰富、深入浅出、通俗易懂，被大多数高校选为教材。

由于全国各地区、各类学校情况不尽相同，对 C 语言的教学要求、学时数也有所差别。针对应用型大学的情况，作者在 2000 年编写出版了《C 语言程序设计》一书，专门给培养应用型人才的本科院校和基础较好、要求较高的高职学校使用。该书出版后，取得了很好的效果。根据教学改革的需要，作者先后对该书进行了三次修改，使读者更加容易入门。2009 年该书被教育部评为“普通高等教育精品教材”，为了配合该教材的教学，编写了这本《C 语言程序设计(第 4 版)学习辅导》。

本书包括以下四部分：

第一部分是《C 语言程序设计》(第 4 版)的习题和参考解答。在这一部分中包括了清华大学出版社出版的《C 语言程序设计》(第 4 版)一书的全部习题。对于其中少数概念问答题，由于能在教材中直接找到答案，为节省篇幅本书没有给出答案外，对所有编程题给出了参考解答，包括程序清单和运行结果，对于一些比较复杂的问题还给出 N-S 流程图，并在程序中加注释以便于读者理解，对少数难度较大的题目还给出了比较详细的文字说明。对于相对简单的问题，只给出程序清单和运行结果，不给出详细说明，以便给读者留下思考的空间。对有些题目，我们给出了两种参考答案，供读者参考和比较，以启发思路。

在这部分中提供了近 100 个不同类型、不同难度的程序，全部程序都在 Visual C++ 6.0 环境下调试通过。这些程序是对《C 语言程序设计》(第 4 版)一书例题的补充。由于篇幅和课时的限制，在教材中只能介绍一些典型的例题。读者在学习 C 语言程序设计过程中，如能充分利用本书，多看程序，理解不同程序的思路，会大有裨益。

应该说明，本书给出的程序并非是最佳的一种，甚至不一定是唯一正确的解答。对同一个题目可以编写出多种程序，我们给出的只是其中的一种。读者在使用本书时，千万不要照抄照搬，我们只是提供了一种参考方案，读者完全可以编写出更好的程序。

第二部分是常见错误分析和程序调试。作者根据多年教学经验，总结了学生在编写程序时常出现的问题,以提醒读者少犯类似错误。此外,介绍了调试程序的知识和方法,为上机实验打下基础。

第三部分是C语言上机指南。介绍了在 Turbo C++ 3.0、Visual C++ 6.0 和 Visual Studio 2010 集成环境下运行C程序的方法使读者在上机练习时有所遵循。

第四部分是上机实验。在这部分中提出了上机实验的要求,介绍了程序调试和测试的初步知识,并且安排了12个实验,供实验教学参考。

本书不仅可以作为《C语言程序设计》(第4版)的参考书,而且可以作为任何C语言教材的参考书;既适用于高等学校教学,也可供报考计算机等级考试者和其他自学者参考。

本书难免会有错误和不足之处,作者愿得到广大读者的指正。

谭浩强

2020年3月1日于清华园

第一部分 《C语言程序设计》(第4版)的习题和参考解答

第二部分　常见错误分析和程序调试

第三部分　C语言上机指南

第一部分

《C 语言程序设计》（第 4 版）的习题和参考解答

第 1 章

C 语言概述

1.1 请参照本章例题，编写一个 C 程序，输出以下信息：

```
******************************
        Very Good!
******************************
```

解：程序如下所示。

```
#include <stdio.h>
int main ()
{  printf ("******************************\n\n");
   printf("        Very  Good!\n\n");
   printf ("******************************\n");
   return 0;
}
```

运行结果：

```
******************************
        Very Good!
******************************
```

1.2 编写一个 C 程序，输入 a、b、c 3 个值，输出其中最大者。

解：程序如下所示。

```
#include <stdio.h>
int main()
{int a,b,c,max;
 printf("please input a,b,c: \n");
 scanf("%d,%d,%d",&a,&b,&c);
 max=a;
 if (max<b)
   max=b;
```

```
 if (max<c)
   max=c;
 printf("The largest number is %d\n",max);
 return 0;
}
```

运行结果：

```
please input a,b,c:
38,93,-84↙
The largest number is 93
```

1.3 上机运行本章的3个例题,熟悉所用系统的上机方法与步骤。

解：略。

1.4 上机运行你为本章习题1.1和习题1.2所编写的程序。

解：略。

第 2 章

数据的存储与运算

2.1 假如我国国民生产总值的年增长率为10%，计算10年后我国国民生产总值与现在相比增长多少。

计算公式为

$$P=(1+r)^n$$

r 为年增长率，n 为年数，P 为与现在相比的百分比。

解：从主教材附录E的C库函数可以查到：可以用pow函数求 y^x 的值，调用pow函数的具体形式是pow(x,y)。在使用pow函数时需要在程序的开头用#include命令将<math.h>头文件包含到本程序模块中。可以用下面的程序求出10年后国民生产总值是现在的多少倍。

```
#include <stdio.h>
#include <math.h>
int main()
  {float p,r,n;
   r=0.1;
   n=10;
   p=pow(1+r,n);              /*求(1+r)ⁿ*/
   printf("p=%f\n",p);
   return 0;
  }
```

运行结果：

```
p=2.593742
```

即10年后国民生产总值是现在的2.593 742倍。

2.2 存款利息的计算。有1000元，想存5年，可按以下5种办法存：

(1) 一次存5年期；

(2) 先存2年期，到期后将本息再存3年期；

(3) 先存3年期，到期后将本息再存2年期；

(4) 存1年期，到期后将本息再存1年期，连续存5次；

(5) 存活期存款。活期利息每一季度结算一次。

某年的银行存款利息如下:

1年期定期存款利息为 4.14%

2年期定期存款利息为 4.68%

3年期定期存款利息为 5.4%

5年期定期存款利息为 5.85%

活期存款利息为 0.72%(活期存款每一季度结算一次利息)

如果 r 为年利率,n 为存款年数,则计算本息和的公式为:

一年期本息和: $P=1000\times(1+r)$

n 年期本息和: $P=1000\times(1+n\times r)$

存 n 次一年期的本息和: $P=1000\times(1+r)^n$

活期存款本息和: $P=1000\times\left(1+\frac{r}{4}\right)^{4n}$

(说明: $1000\times\left(1+\frac{r}{4}\right)$ 是一个季度的本息和)

解:设5年期存款的年利率为r5,3年期存款的年利率为r3,2年期存款的年利率为r2,1年期存款的年利率为r1,活期存款的年利率为r0。

设按第1种方案存款5年得到的本息和为p1,按第2种方案存款5年得到的本息和为p2,按第3种方案存款5年得到的本息和为p3,按第4种方案存款3年得到的本息和为p4,按第5种方案存款5年得到的本息和为p5。

```
#include <stdio.h>
#include <math.h>
int main()
  {float r5,r3,r2,r1,r0,p,p1,p2,p3,p4,p5;
   p=1000;
   r5=0.0585;
   r3=0.054;
   r2=0.0468;
   r1=0.0414;
   r0=0.0072;

   p1=p*((1+r5)*5);                //一次存5年期
   p2=p*(1+2*r2)*(1+3*r3);         //先存2年期,到期后将本息再存3年期
   p3=p*(1+3*r3)*(1+2*r2);         //先存3年期,到期后将本息再存2年期
   p4=p*pow(1+r1,5);               //存1年期,到期后将本息再存1年期,连续存5次
   p5=p*pow(1+r0/4,4*5);           //存活期存款。活期利息每一季度结算一次
   printf("p1=%f\n",p1);           //输出按第1种方案得到的本息和
   printf("p2=%f\n",p2);           //输出按第2种方案得到的本息和
```

```
    printf("p3=%f\n",p3);          //输出按第 3 种方案得到的本息和
    printf("p4=%f\n",p4);          //输出按第 4 种方案得到的本息和
    printf("p5=%f\n",p5);          //输出按第 5 种方案得到的本息和
    return 0;
  }
```

运行结果：

```
p1=5292.500000
p2=1270.763184
p3=1270.763184
p4=1224.86404
p5=1036.622314
```

讨论：

(1) 程序在编译时出现警告(warning)，并告知原因是“'=': truncation from 'const double' to 'float'”(在执行赋值时，出现将双精度常量转换为单精度的情况)。这是由于Visual C++ 6.0在编译时把实常数(如程序中年利率)全部按双精度数处理，因此在向r5、r3等float型变量赋值时，就出现将双精度数赋给单精度变量的情况，这样可能会损失一些精度，故向用户提醒，请用户考虑是否要修改。警告只是提醒，程序可以正常运行，但得到的结果可能会有一些误差。

(2) 如果不想出现上面的警告(warning)，可以将第4行各变量改为double型，即

```
double r5,r3,r2,r1,r0,p,p1,p2,p3,p4,p5;
```

由于采用了双精度变量，得到的运算结果会更精确些，最后几位数字与上面的有些差别。

(3) 输出运行结果时，得到了6位小数，连同整数部分有10位数字，而一个float型变量只能保证6位至7位的有效数字，后面几位是无意义的。而且在输出款额时，人们一般只要求精确到两位小数(角、分)，因此可以在printf函数中用%10.2格式符输出。最后5个语句可改为

```
printf("p1=%10.2f\n",p1);          //输出按第 1 种方案得到的本息和
printf("p2=%10.2f\n",p2);          //输出按第 2 种方案得到的本息和
printf("p3=%10.2f\n",p3);          //输出按第 3 种方案得到的本息和
printf("p4=%10.2f\n",p4);          //输出按第 4 种方案得到的本息和
printf("p5=%10.2f\n",p5);          //输出按第 5 种方案得到的本息和
```

这时的输出结果如下：

```
p1=   5292.50
p2=   1270.76
p3=   1270.76
```

```
p4=    1224.86
p5=    1036.62
```

2.3 请编程序将China译成密码,密码规律是:用原来的字母后面第4个字母代替原来的字母。例如,字母A后面第4个字母是E,用E代替A。因此,China应译为Glmre。请编一程序,用赋初值的方法使c1、c2、c3、c4、c5这5个变量的值分别为'C' 'h' 'i' 'n' 'a',经过运算,使c1、c2、c3、c4、c5分别变为'G' 'l' 'm' 'r' 'e',并输出。

解:可编程序如下:

```
#include <stdio.h>
int main()
{char c1='C',c2='h',c3='i',c4='n',c5='a';
 c1=c1+4;
 c2=c2+4;
 c3=c3+4;
 c4=c4+4;
 c5=c5+4;
 printf("password is %c%c%c%c%c\n",c1,c2,c3,c4,c5);
 return 0;
}
```

运行结果:

```
password is Glmre
```

2.4 2.3题能否改成如下:

```
#include <stdio.h>
int main()
{ int c1,c2;        (原为 char c1,c2)
  c1=97;
  c2=98;
  printf("%c %c\n"c1,c2);
  printf("%d %d\n",c1,c2);
  return 0;
}
```

(1) 运行时会输出什么信息?为什么?

(2) 如果将程序第4、第5行改为

```
c1=289;
c2=322;
```

运行时会输出什么信息?为什么?

解：可以。

(1) 运行结果：

```
a b
97 98
```

因为在可输出的字符范围内，用整型和用字符型作用相同。

(2) 分别讨论两种情况：

① 如果 c1 和 c2 定义为 int 型，而 c1＝289 和 c2＝322，则运行结果为

```
! B
289 322
```

这是由于 c1 和 c2 是 int 型，可以正常存放整数 289 和 322。但是用％c 格式符输出时，只能用到 c1 和 c2 存储单元中的最低的一字节(8 位)的信息。

c1 存储单元的情况：

00000000	00000008	00000001	00100001

最低字节中的信息是 0010001，相当于十进制数 33。从主教材附录 A 可以查出 33 是字符'!'的 ASCII 码，因此输出字符'!'。同理，C2 存储单元的情况为

00000000	00000000	00000001	01000010

最低字节中的信息是 0100010，相当十进制数 66。从主教材附录 A 可以查出 66 是字符'B'的 ASCII 码，因此输出字符'B'。

② 如果 c1 和 c2 定义为 char 型，而 c1＝289 和 c2＝322，在编译时输出警告(warning)信息，原因是"'=': truncation from 'const int' to 'char'"(在执行赋值时，出现将 int 型常量转换为 char 型的情况)。但程序可以运行，运行结果为

```
! B
33 66
```

为什么用％d 输出时会输出 33 和 66 呢？这是因为 c1 和 c2 是字符变量，只有一个字节，因此在执行赋值操作时，只把 289 和 322 的最后一个字节赋给了 c1 和 c2，它们的内容是 0010001 和 0100010，所以用％d 输出时会输出 33 和 66。

第 3 章

最简单的C程序设计——顺序程序设计

3.1 怎样区分表达式和表达式语句？C语言为什么要设表达式语句？什么时候用表达式？什么时候用表达式语句？

解：略。

3.2 C语言为什么要把输入输出的功能作为函数，而不作为语言的基本部分？

解：略。

3.3 用下面的scanf函数输入数据，使a=3,b=7,x=8.5,y=71.82,c1='A',c2='a'。问在键盘上如何输入？

```
#include <stdio.h>
int main()
  {int a,b;
   float x,y;
   char c1,c2;
   scanf("a=%d b=%d",&a,&b);
   scanf("%f %e",&x,&y);
   scanf("%c %c",&c1,&c2);
   printf("a=%d,b=%d,x=%f,y=%f,c1=%c,c2=%c\n",a,b,x,y,c1,c2);
   return 0;
  }
```

解：可按如下方式在键盘上输入：

```
a=3 b=7↙
8.5 71.82A a↙
```

输出为

```
a=3,b=7,x=8.500000,y=71.820000,c1=A,c2=a
```

请注意：在输入完8.5和71.82两个实数给x和y后紧接着输入字符A，中间不要有空格，由于A是字母而不是数字，系统在遇到字母A时就确定输入给y的数值已结束。字符A就送到下一个scanf语句中的字符变量c1。如果在输入8.5和71.82两个实数后输入空格符,会怎么样呢?

```
a=3 b=7↙
8.5 71.82 A a↙
```

这时71.82后面的空格字符就被c1读入,c2读入了字符A。在输出c1时就输出空格。输出为

```
a=3,b=7,x=8.500000,y=71.820000,c1=,c2=A
```

如果在输入8.5和71.82两个实数后输入回车符,会怎么样呢?

```
a=3 b=7↙
8.5 71.82↙
A a↙
```

输出为

```
a=3,b=7,x=8.500000,y=71.820000,c1=
,c2=A
```

这时回车符被作为一个字符送到内存输入缓冲区,被c1读入(实际上c1读入的是回车符的ASCII码),字符A被c2读取,所以在执行printf函数输出c1时,就输出一个回车符,输出c2时就输出字符A。

在用scanf函数输入数据时往往会出现一些想象不到的情况,例如在连续输入不同类型的数据(特别是数值型数据和字符数据连续输入)的情况。要注意回车符是可能被作为一个字符读入的。

读者在遇到类似情况时,上机多实验一下就可以找出规律来。

3.4 用下面的scanf函数输入数据,使a=10,b=20,c1='A',c2='a',x=1.5,y=−3.75,z=67.8,请问在键盘上如何输入数据?

```
scanf("%5d%5d%c%c%f%f%*f,%f",&a,&b,&c1,&c2,&x,&y,&z);
```

解:

```
#include <stdio.h>
int main()
 {int a,b;
  float x,y,z;
  char c1,c2;
  scanf("%5d%5d%c%c%f%f%*f,%f",&a,&b,&c1,&c2,&x,&y,&z);
  printf("a=%d,b=%d,c1=%c,c2=%c,x=%6.2f,y=%6.2f,z=%6.2f\n",a,b,c1,c2,x,y,z);
  return 0;
 }
```

运行情况如下：

```
␣␣␣10␣␣␣20Aa1.5␣-3.75␣2.5,67.8↙                  (此行为输入的数据)
a=10,b=20,c1=A,c2=a,x=␣1.50,y=␣-3.75,z=␣67.80   (此行为输出)
```

说明：按%5d式的要求输入a与b时，先输入3个空格，然后再输入10与20。%*f是用来禁止赋值的。在输入时，对应于%*f的地方随意输入了一个实数2.5，该值不会赋给任何变量。

3.5 设圆半径r=1.5，圆柱高h=3，求圆周长、圆面积、圆球表面积、圆球体积、圆柱体积。用scanf输入数据，输出计算结果，输出时要求有文字说明，取小数点后2位数字。请编程序。

解：可编程序如下：

```
#include <stdio.h>
int main ()
 {float h,r,l,s,sq,vq,vz;
  float pi=3.141526;
  printf("请输入圆半径 r,圆柱高 h: ");
  scanf("%f,%f",&r,&h);                  //要求输入圆半径 r 和圆柱高 h
  l=2*pi*r;                              //计算圆周长 l
  s=r*r*pi;                              //计算圆面积 s
  sq=4*pi*r*r;                           //计算圆球表面积 sq
  vq=3.0/4.0*pi*r*r*r;                   //计算圆球体积 vq
  vz=pi*r*r*h;                           //计算圆柱体积 vz
  printf("圆周长为:        l=%6.2f\n",l);
  printf("圆面积为:        s=%6.2f\n",s);
  printf("圆球表面积为:    sq=%6.2f\n",sq);
  printf("圆球体积为:      v=%6.2f\n",vq);
  printf("圆柱体积为:      vz=%6.2f\n",vz);
  return 0;
 }
```

运行情况如下：

```
请输入圆半径 r,圆柱高 h: 1.5,3↙
圆周长为:        l=9.42
圆面积为:        s=7.07
圆球表面积为:    sq=28.27
圆球体积为:      v=7.95
圆柱体积为:      vz=21.21
```

说明：如果用Visual C++ 6.0中文版对程序进行编译，在程序中可以使用中文字符串。在输出时也能显示汉字。如果用Turbo C或Turbo C++，则无法使用中文字符串，读者可以改用英文字符串。

3.6 输入一个华氏温度，要求输出摄氏温度。公式为

$$c=\frac{5}{9}(F-32)$$

输出要有文字说明，取两位小数。

解：相应的程序如下所示。

```
#include <stdio.h>
int main()
  {float c,f;
   printf("请输入一个华氏温度: ");
   scanf("%f",&f);
   c=(5.0/9.0)*(f-32);              /*注意 5 和 9 要用实型表示,否则 5/9 值为 0*/
   printf("摄氏温度为: %5.2f\n",c);
   return 0;
  }
```

运行情况如下：

```
请输入一个华氏温度: 87↙
```

得到结果：

```
摄氏温度为: 30.56
```

3.7 编程序，用 getchar 函数读入两个字符给变量 c1、c2，然后分别用 putchar 函数和 printf 函数输出这两个字符，并思考以下问题：

(1) 变量 c1、c2 应定义为字符型或整型？还是二者皆可？

(2) 要求输出 c1 和 c2 值的 ASCII 码，应如何处理？用 putchar 函数还是 printf 函数？

(3) 整型变量与字符变量是否在任何情况下都可以互相代替？例如：

① char c1,c2;

② int c1,c2;

是否无条件等价？

解：可编程序如下：

```
#include <stdio.h>
int main()
  {
  char c1,c2;
  printf("请输入两个字符 c1,c2: ");
  c1=getchar();
  c2=getchar();
```

```
    printf("用 putchar 语句输出结果为: ");
    putchar(c1);
    putchar(c2);
    printf("\n");
    printf("用 printf 语句输出结果为: ");
    printf("%c %c\n",c1,c2);
    return 0;
}
```

运行结果:

```
请输入两个字符 c1,c2: ab↙
用 putchar 语句输出结果为: ab
用 printf 语句输出结果为: a b
```

请注意:连续用两个 getchar 函数时是怎样输入字符的。如果用以下方法输入:

```
a↙
b↙
```

得到以下运行结果:

```
用 putchar 语句输出结果为: a
      (空一行)
用 printf 语句输出结果为: a
      (空一行)
```

因为第 1 行将 a 和回车符输入到内存的输入缓冲区,因此 c1 得到 a,c2 得到一个回车符。在输出 c2 时就会产生一个回车换行,而不会输出任何可显示的字符。在实际操作时,只要输入了"a↙",系统就会认为用户已输入了两个字符。所以应当连续输入 ab 两个字符然后再按回车键,这样就保证了 c1 和 c2 分别得到字符 a 和 b。

回答思考问题:

(1) c1 和 c2 可以定义为字符型或整型,二者皆可。

(2) 可以用 printf 函数输出,在 printf 函数中用%d 格式符,即

```
printf("%d,%d\n",c1,c2);
```

(3) 字符变量在计算机内占 1 字节,而整型变量占 2 或 4 字节。因此,整型变量在可输出字符的范围内(ASCII 码为 0~255 的字符)是可以与字符数据互相转换的。如果整数在此范围外,不能代替。

请分析以下 3 个程序。

程序 1:

```
#include <stdio.h>
```

```
int main()
 {
   int c1,c2;                          //定义整型变量
   printf("请输入两个整数 c1,c2: ");
   scanf("%d,%d",&c1,&c2);
   printf("按字符输出结果: \n");
   printf("%c,%c\n",c1,c2);
   printf("按 ASCII 码输出结果: \n");
   printf("%d,%d\n",c1,c2);
   return 0;
 }
```

运行结果：

```
请输入两个整数 c1,c2: 97,98↙
按字符输出结果:
a,b
按 ASCII 码输出结果:
97,98
```

程序 2：

```
#include <stdio.h>
int main()
 {
   char c1,c2;                          //定义字符型变量
   int i1,i2;                           //定义整型变量
   printf("请输入两个字符 c1,c2: ");
   scanf("%c,%c",&c1,&c2);
   i1=c1;                               //赋值给整型变量
   i2=c2;
   printf("按字符输出结果: \n");
   printf("%c,%c\n",i1,i2);
   printf("按整数输出结果: \n");
   printf("%d,%d\n",c1,c2);
   return 0;
 }
```

运行结果：

```
请输入两个字符 c1,c2: a,b↙
按字符输出结果:
a,b
按整数输出结果:
```

```
97,98
```

程序 3：

```
#include <stdio.h>
int main()
 {
   char c1,c2;                          //定义字符型变量
   int i1,i2;                           //定义整型变量
   printf("请输入两个整数 i1,i2: ");
   scanf("%d,%d",&i1,&i2);
   c1=i1;                               //将整数赋值给字符变量
   c2=i2;
   printf("按字符输出结果: \n");
   printf("%c,%c\n",c1,c2);
   printf("按整数输出结果: \n");
   printf("%d,%d\n",c1,c2);
   return 0;
 }
```

运行结果：

```
请输入两个整数 i1,i2: 298,330↙
按字符输出结果: *,J
按整数输出结果: 42,74
```

请注意 c1 和 c2 是字符变量，只占 1 字节，只能存放 0～255 范围内的整数，而现在输入给 i1 和 i2 的值已超过 0～255 的范围，所以只将整型变量 i1 和 i2 在内存存储单元中的最后一字节(低 8 位)赋给 c1 和 c2。可以看到：298－256＝42，330－256＝74。读者可以写出 298 和 330 的二进制形式，取其低 8 位，即可一目了然。与 ASCII 码 42 和 74 相应的字符为“*”和“J”，因此。按字符形式输出结果时输出“*,J”。请读者注意分析。

第 4 章

选择结构程序设计

4.1 什么是算术运算？什么是关系运算？什么是逻辑运算？

解：略。

4.2 C语言中如何表示“真”和“假”？系统如何判断一个量的“真”和“假”？

解：如果有一个逻辑表达式，若其值为“真”，系统会以1表示，若其值为“假”，会以0表示。但是在判断一个逻辑量的值时，系统会以0作为“假”，以非0作为“真”。例如3 && 5的值为“真”，系统给出3 && 5的值为1。

4.3 写出下面各逻辑表达式的值，设a=3，b=4，c=5。

(1) a+b>c && b==c

(2) a||b+c && b-c

(3) !(a>b) && ! c||1

(4) !(x=a) && (y=b) && 0

(5) !(a+b)+c-1 && b+c/2

解：

(1) 0

(2) 1

(3) 1

(4) 0

(5) 1

4.4 编一个程序，当给 x 输入任意的正数时，y 都输出1；当给 x 输入任意的负数时，y 都输出-1；当给 x 输入0时，y 输出0。如果用数学式子表示，就是下面的函数，参见图4.1。

$$y=\begin{cases}-1 & (x<0)\\ 0 & (x=0)\\ 1 & (x>0)\end{cases}$$

图 4.1

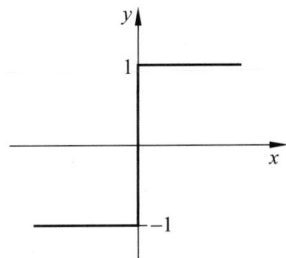

有以下几个程序，请判断哪个(可能不止一个)是正确的？分别画出它们的N-S图。

程序1：

```
#include <stdio.h>
int main ()
 {int  x,y;
  printf("enter x: ");
  scanf("%d",&x);
  if(x<0)
    y=-1;
  else
    if(x==0) y=0;
      else y=1;
  printf("x=%d,y=%d\n",x,y);
  return 0;
 }
```

程序2：将上面程序的if语句(第6～10行)改为

```
if(x>=0)
  if(x>0)  y=1;
  else  y=0;
else y=-1;
```

程序3：将上述if语句改为

```
y=-1;
if(x!=0)
  if(x>0) y=1;
else y=0;
```

程序4：将上述if语句改为

```
y=0;
if(x>=0)
  if(x>0)  y=1;
else y=-1;
```

解：先按题目要求写出算法：

```
输入 x
若 x<0,则 y=-1
若 x=0,则 y=0
若 x>0,则 y=1
输出 y
```

或

输入 x
若 x<0,则 y=-1
否则:
若 x=0,则 y=0
若 x>0,则 y=1
输出 y

也可以用流程图表示,见图 4.2。

分析上面 4 个程序,只有程序 1 和程序 2 是正确的。程序 1 体现了图 4.2 的流程,显然它是正确的;程序 2 的流程图见图 4.3,它也能实现题目的要求。

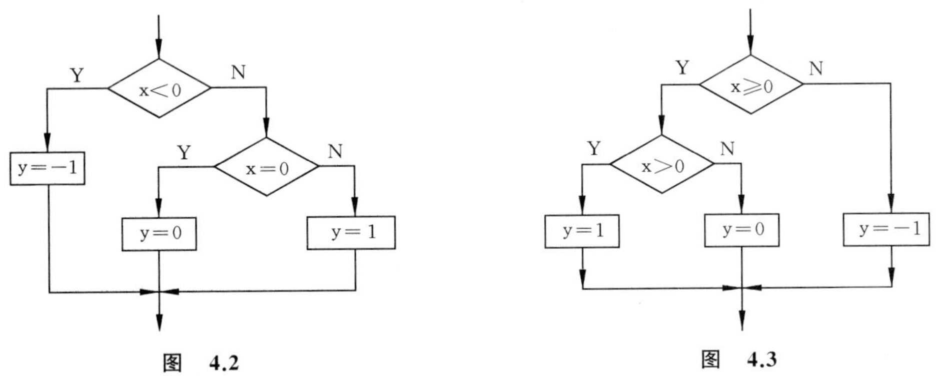

图 4.2　　图 4.3

程序 3 的流程图见图 4.4。程序 4 的流程图见图 4.5。它们不能实现题目的要求。请注意程序中的 else 与 if 的配对关系。例如程序 3 中的 else 子句是和它上一行的内嵌的 if 语句配对,而不与第 2 行的 if 语句配对。为了使逻辑关系清晰,避免出错,一般把内嵌的 if 语句放在外层的else子句中(如程序1那样),这样由于有外层的else相隔,内嵌的else不会被

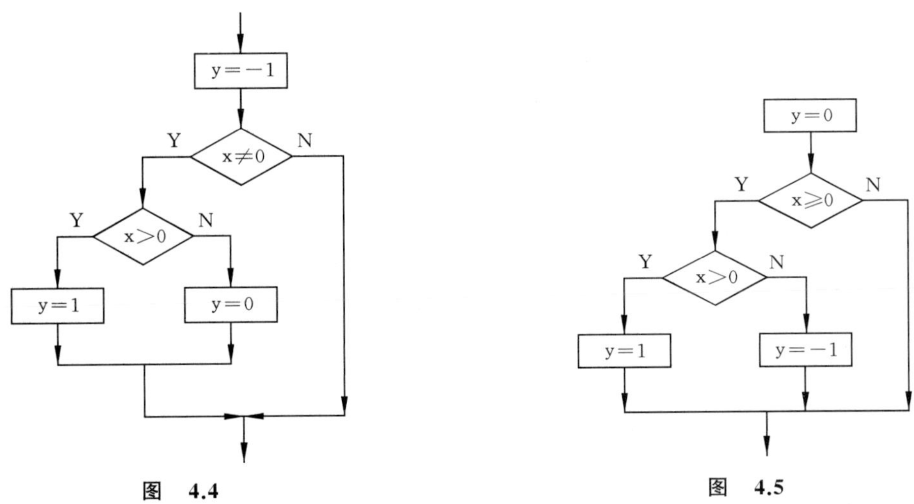

图 4.4　　图 4.5

误认为和外层的 if 配对,而只能与内嵌的 if 配对,这样就不会搞混,如像程序 3 和程序 4 那样写就很容易出错。

4.5 由键盘输入 3 个整数 a、b、c,输出其中最大的数,请编程序。

解:方法一:N-S 图见图 4.6。

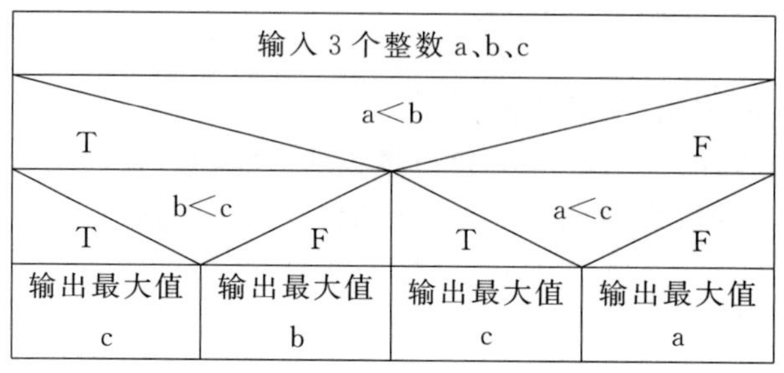

图 4.6

程序如下:

```
#include <stdio.h>
int main()
 {
   int a,b,c;
   printf("请输入 3 个整数: ");
   scanf("%d,%d,%d",&a,&b,&c);
   if (a<b)
     if (b<c)
       printf("3 个整数中的最大数是%d\n",c);
     else
       printf("3 个整数中的最大数是%d\n",b);
     else if (a<c)
       printf("3 个整数中的最大数是%d\n",c);
         else
       printf("3 个整数中的最大数是%d\n",a);
     return 0;
 }
```

运行情况如下:

```
请输入 3 个整数: 72,274,-39↙
3 个整数中的最大数是 274
```

方法二:使用条件表达式,可以使程序更加简明、清晰。

```
#include <stdio.h>
```

```
int main()
 { int a,b,c,temp,max;
   printf("请输入 3 个整数: ");
   scanf("%d,%d,%d",&a,&b,&c);
   temp=(a>b)?a:b;                    /*将 a 和 b 中的大者存入 temp 中*/
   max=(temp>c)?temp:c;               /*将 a 和 b 中的大者与 c 比较,取最大者*/
   printf("3 个整数的最大数是%d\n",max);
   return 0;
 }
```

运行情况如下:

```
请输入 3 个整数: 89,44,188↙
3 个整数的最大数是 188
```

请注意:在输入 3 个整数时,在两个数之间必须用逗号分隔,这是编程者在 scanf 函数中指定的。如果在运行本程序时,不用逗号分隔,而用空格分隔,例如:

```
请输入 3 个整数: 89 44 188↙
3 个整数的最大数是 89
```

这个结果显然是错误的。

4.6 给出一百分制成绩,要求输出成绩等级'A' 'B' 'C' 'D' 'E'。90 分以上为 A,80~89 分为 B,70~79 分为 C,60~69 分为 D,60 分以下为 E。

解:程序如下所示。

```
#include <stdio.h>
int main()
  { float score;
    char grade;
    printf("请输入学生成绩: ");
    scanf("%f",&score);
    while (score>100||score<0)
    {printf("\n 输入有误,请重输");
    scanf("%f",&score);
    }
    switch((int)(score/10))
       {case 10:
    case 9: grade='A';break;
    case 8: grade='B';break;
```

```
    case 7: grade='C';break;
    case 6: grade='D';break;
    case 5:
    case 4:
    case 3:
    case 2:
    case 1:
    case 0: grade='E';
    }
    printf("成绩是 %5.1f,相应的等级是%c。\n ",score,grade);
    return 0;
  }
```

运行结果：

① 请输入学生成绩：90.5↙
成绩是 90.5,相应的等级是 A。
② 请输入学生成绩：59↙
成绩是 59.0,相应的等级是 E。

说明：对输入的数据进行检查,如小于 0 或大于 100,要求重新输入。(int)(score/10)的作用是将(score/10) 的值进行强制类型转换,得到一个整型值。例如,当 score 的值为 78 时,(int)(score/10) 的值为 7。然后在 switch 语句中执行 case 7 中的语句,使 grade='C'。

4.7 给一个不多于 5 位的正整数,要求：

① 求出它是几位数；

② 分别输出每一位数字；

③ 按逆序输出各位数字,例如原数为 321,应输出 123。

解：程序如下所示。

```
#include <stdio.h>
#include <math.h>
int main()
 {
   long int num;
   int indiv,ten,hundred,thousand,ten_thousand,place;
                              /*分别代表个位、十位、百位、千位、万位和位数*/
   printf("请输入一个整数(0~99999):");
   scanf("%ld",&num);
   if (num>9999)
       place=5;
```

```
    else  if (num>999)
        place=4;
    else  if (num>99)
        place=3;
    else  if (num>9)
        place=2;
    else place=1;
    printf("位数: %d\n",place);
    printf("每位数字为: ");
    ten_thousand=num/10000;
    thousand=(int)(num-ten_thousand*10000)/1000;
    hundred=(int)(num-ten_thousand*10000-thousand*1000)/100;
    ten=(int)(num-ten_thousand*10000-thousand*1000-hundred*100)/10;
    indiv=(int)(num-ten_thousand*10000-thousand*1000-hundred*100-ten*10);
    switch(place)
      {case 5: printf("%d,%d,%d,%d,%d",ten_thousand,thousand,hundred,ten,
            indiv);
         printf("\n反序数字为: ");
         printf("%d%d%d%d%d\n",indiv,ten,hundred,thousand,ten_thousand);
         break;
      case 4: printf("%d,%d,%d,%d",thousand,hundred,ten,indiv);
         printf("\n反序数字为: ");
         printf("%d%d%d%d\n",indiv,ten,hundred,thousand);
         break;
      case 3: printf("%d,%d,%d",hundred,ten,indiv);
         printf("\n反序数字为: ");
         printf("%d%d%d\n",indiv,ten,hundred);
         break;
      case 2: printf("%d,%d",ten,indiv);
         printf("\n反序数字为: ");
         printf("%d%d\n",indiv,ten);
         break;
      case 1: printf("%d",indiv);
         printf("\n反序数字为: ");
         printf("%d\n",indiv);
         break;
      }
     return 0;
}
```

运行结果:

请输入一个整数(0~99999): 98423↙

位数：5
每位数字为：9,8,4,2,3
反序数字为：32489

4.8 企业发放的奖金根据利润提成。利润I低于或等于100 000元的，奖金可提10%；利润高于100 000元，低于200 000元(100 000<I≤200 000)时，低于100 000元的部分按10%提成，高于100 000元的部分，可提成7.5%；200 000<I≤400 000时，低于200 000元的部分仍按上述办法提成(下同)。高于200 000元的部分按5%提成，400 000<I≤600 000元时，高于400 000元的部分按3%提成；600 000<I≤1 000 000时，高于600 000元的部分按1.5%提成；I>1 000 000时，超过1 000 000元的部分按1%提成。从键盘输入当月利润I，求应发奖金总数。要求：

(1) 用if语句编程序；

(2) 用switch语句编程序。

解：

(1) 用if语句编程序；

```
#include <stdio.h>
int main()
 {
   long i;
   double bonus,bon1,bon2,bon4,bon6,bon10;
   bon1=100000 * 0.1;
   bon2=bon1+100000 * 0.075;
   bon4=bon2+100000 * 0.05;
   bon6=bon4+100000 * 0.03;
   bon10=bon6+400000 * 0.015;
   printf("请输入利润 i: ");
   scanf("%ld",&i);
   if (i<=100000)
      bonus=i * 0.1;
   else if (i<=200000)
      bonus=bon1+(i-100000) * 0.075;
   else if (i<=400000)
      bonus=bon2+(i-200000) * 0.05;
   else if (i<=600000)
      bonus=bon4+(i-400000) * 0.03;
   else if (i<=1000000)
      bonus=bon6+(i-600000) * 0.015;
   else
      bonus=bon10+(i-1000000) * 0.01;
```

```
  printf("奖金是: %10.2f\n",bonus);
  return 0;
}
```

运行结果：

```
请输入利润 i: 234000↙
奖金是:   19200.00
```

此题的关键在于正确写出每一区间的奖金计算公式，例如利润在 10 万元至 20 万元时，奖金应由两部分组成：

① 利润为 10 万元时应得的奖金，即 10 万元×0.1。

② 10 万元以上部分应得的奖金，即(num－10 万元)×0.075。

同理，20 万～40 万元这个区间的奖金也应由两部分组成：

① 利润为 20 万元时应得的奖金，即 10 万元×0.1＋10 万元×0.075。

② 20 万元以上部分应得的奖金，即(num－20 万元)×0.05。

程序中先把 10 万元、20 万元、40 万元、60 万元、100 万元各关键点的奖金计算出来，即 bon1、bon2、bon4、bon6、bon10。然后再加上各区间附加部分的奖金即可。

(2) 用 switch 语句编程序，N-S 图见图 4.7。

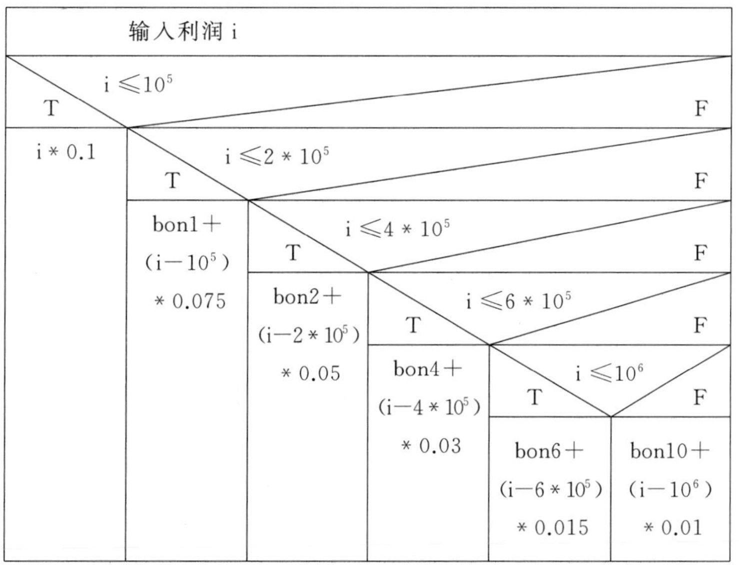

图 4.7

```
#include <stdio.h>
int main()
{
  long i;
```

```
  double  bonus,bon1,bon2,bon4,bon6,bon10;
  int  branch;
  bon1=100000 * 0.1;
  bon2=bon1+100000 * 0.075;
  bon4=bon2+200000 * 0.05;
  bon6=bon4+200000 * 0.03;
  bon10=bon6+400000 * 0.015;
  printf("请输入利润 i: ");
  scanf("%ld",&i);
  branch=i/100000;
  if (branch>10)  branch=10;
  switch(branch)
  {  case 0: bonus=i * 0.1;break;
     case 1: bonus=bon1+(i-100000) * 0.075;break;
     case 2:
     case 3: bonus=bon2+(i-200000) * 0.05;break;
     case 4:
     case 5: bonus=bon4+(i-400000) * 0.03;break;
     case 6:
     case 7:
     case 8:
     case 9: bonus=bon6+(i-600000) * 0.015;break;
     case 10: bonus=bon10+(i-1000000) * 0.01;
  }
  printf("奖金是: %10.2f\n",bonus);
  return 0;
}
```

运行结果:

```
请输入利润 i: 156890↙
奖金是: 14266.75
```

4.9 有4个圆塔,圆心分别为(2,2)、(−2,2)、(−2,−2)、(2,−2),圆半径为1,见图4.8。这4个塔的高度为10m,塔以外无建筑物。今输入任一点的坐标,求该点的建筑高度(塔外的高度为零)。

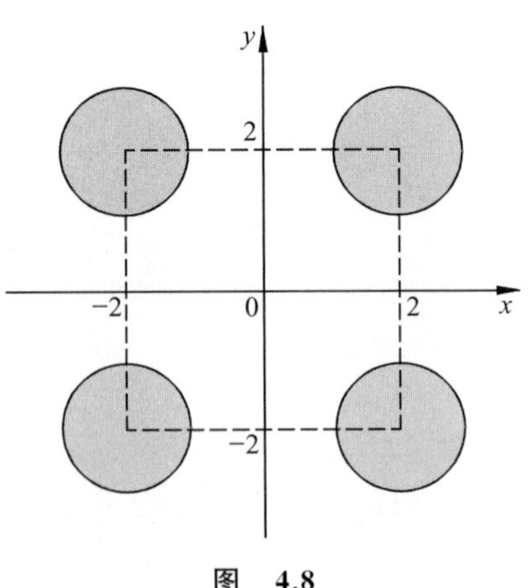

图 4.8

解:N-S图见图4.9。

相应的程序如下:

```
#include <stdio.h>
int main()
```

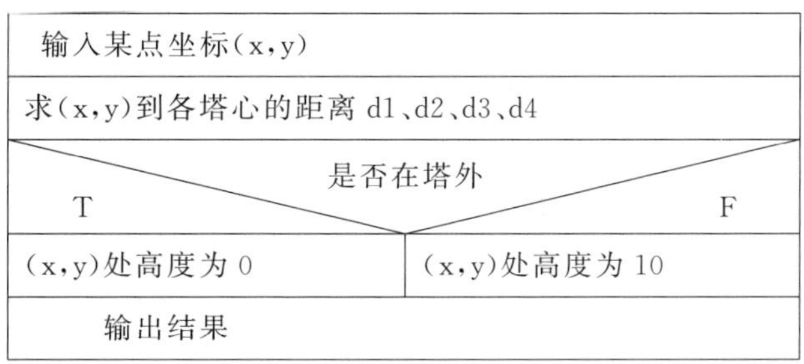
输入某点坐标(x,y)
求(x,y)到各塔心的距离 d1、d2、d3、d4
是否在塔外
T
F
(x,y)处高度为 0
(x,y)处高度为 10
输出结果

图 4.9

```
{ int  h=10;
  float x1=2,y1=2,x2=-2,y2=2,x3=-2,y3=-2,x4=2,y4=-2,x,y,d1,d2,d3,d4;
  printf("请输入一个点(x,y): ");
  scanf("%f,%f",&x,&y);
  d1=(x-x4)*(x-x4)+(y-y4)*(y-y4);              //求该点到各中心点距离
  d2=(x-x1)*(x-x1)+(y-y1)*(y-y1);
  d3=(x-x2)*(x-x2)+(y-y2)*(y-y2);
  d4=(x-x3)*(x-x3)+(y-y3)*(y-y3);
  if (d1>1 && d2>1 && d3>1 && d4>1)  h=0;      //判断该点是否在塔外
  printf("该点高度为 %d\n",h);
  return 0;
}
```

运行结果:

```
① 请输入一个点(x,y):  0.5,0.7↙
  该点高度为 0
② 请输入一个点(x,y):  2.1,2.3↙
  该点高度为 10
```

4.10 求 $ax^2+bx+c=0$ 方程的解。

根据代数知识,应该有以下几种可能。

① $a=0$,不是二次方程,而是一次方程。

② $b^2-4ac=0$,有两个相等的实根。

③ $b^2-4ac>0$,有两个不等的实根。

④ $b^2-4ac<0$,有两个共轭复根。

请画出 N-S 流程图,并据此编写程序,程序应能处理上面 4 种情况。运行程序时,分别给出不同的 a、b、c 值,相应于上面 4 种情况,分析输出结果。

解:画出 N-S 流程图。见图 4.10,据此编写程序如下:

```
#include <stdio.h>
```

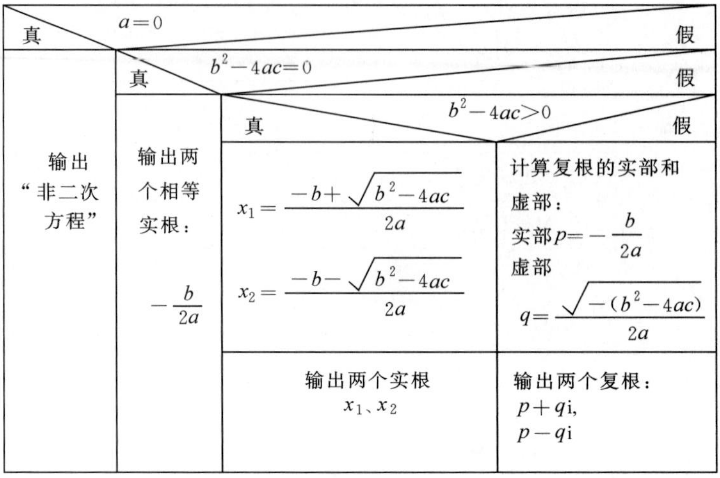

<table>
<tr><td colspan="4">真　　$a=0$　　假</td></tr>
<tr><td rowspan="4">输出“非二次方程”</td><td colspan="3">真　　$b^2-4ac=0$　　假</td></tr>
<tr><td rowspan="3">输出两个相等实根：
$-\frac{b}{2a}$</td><td colspan="2">真　　$b^2-4ac>0$　　假</td></tr>
<tr><td>$x_1=\frac{-b+\sqrt{b^2-4ac}}{2a}$
$x_2=\frac{-b-\sqrt{b^2-4ac}}{2a}$</td><td>计算复根的实部和虚部：
实部$p=-\frac{b}{2a}$
虚部
$q=\frac{\sqrt{-(b^2-4ac)}}{2a}$</td></tr>
<tr><td>输出两个实根
x_1、x_2</td><td>输出两个复根：
$p+q\text{i}$,
$p-q\text{i}$</td></tr>
</table>

图　4.10

```
#include <math.h>
int main ()
  {float a,b,c,disc,x1,x2,realpart,imagpart;
   printf("please enter a,b,c: ");
   scanf("%f,%f,%f",&a,&b,&c);
   printf("The equation ");
   if(fabs(a)<=1e-6)
     printf("is not a quadratic\\n");
   else
     {
      disc=b*b-4*a*c;
      if(fabs(disc)<=1e-6)
        printf("has two equal roots: %8.4f\n",-b/(2*a));
      else if(disc>1e-6)
        {x1=(-b+sqrt(disc))/(2*a);
         x2=(-b-sqrt(disc))/(2*a);
         printf("has distinct real roots: %8.4f and %8.4f\n",x1,x2);
        }
      else
        {realpart=-b/(2*a);
         imagpart=sqrt(-disc)/(2*a);

         printf(" has complex roots:\n");
         printf("%8.4f+%8.4fi\n",realpart,imagpart);
```

```
        printf("%8.4f-%8.4fi\n",realpart,imagpart);
      }
    }
    return 0;
}
```

程序中用 disc 代表判别式 b^2-4ac，先计算 disc 的值，以减少以后的重复计算。对于判断 b^2-4ac 是否等于 0 时，要注意：由于 disc(即 b^2-4ac)是实数，而实数在计算和存储时会有一些微小的误差，因此不能直接进行如下判断："if(disc==0)…"，因为这样可能会出现本来是零的量，由于上述误差而被判别为不等于零，而导致结果错误。所以采取的办法是判别 disc 的绝对值(fabs(disc))是否小于一个很小的数(例如 10^{-6})，如果小于此数，就认为 disc 等于 0。程序中以变量 realpart 代表实部 p，以 imagpart 代表虚部 q，以增加可读性。

运行结果如下：

```
① please enter a,b,c: " 1,2,1↙
  The equation has two  equal roots:   -1.0000
② please enter a,b,c: " 1,2,2↙
  The equation has complex roots:
  -1.0000+  1.0000i
  -1.0000-  1.0000i
③ please enter a,b,c: " 2,6,1↙
  The equation has distinct real roots:   -0.1771 and  -2.8229
```

在程序中用格式说明%8.4f 指定输出格式，表示输出的数据共占 8 列宽度，其中小数点后有 4 位，因此在输出 −1 时，在负号前有一个空格，即␣−1.0000。

关于闰年问题的说明：

在教材第 4 章中举了计算闰年的例子(例 4.5)，有不少读者对闰年规则搞不清楚，纷纷来信询问，他们说，从小就只知道：能被 4 除尽的年份都是闰年。有的读者甚至认为作者弄错了。因此，有必要在此对闰年的规定进行说明。

地球绕太阳转一周的实际时间为 365 天 5 小时 48 分 46 秒。如果一年只有 365 天，每年就多出 5 个多小时。4 年多出的 23 小时 15 分 4 秒，差不多等于一天。于是决定每 4 年增加一天。但是，它比一天 24 小时又少了约 45 分钟。如果每 100 年有 25 个闰年的话，就少了 18 时 43 分 20 秒，这就差不多等于一天了，这显然是不合适的。

可以算出：每年多出 5 小时 48 分 46 秒，100 年就多出 581 小时 16 分 40 秒。而 25 个闰年需要 25×24=600 小时。581 小时 16 分 40 秒只够 24 个闰年(24×24=576 小时)，于是决定每 100 年只安排 24 个闰年(世纪年不作为闰年)。但是这样每 100 年又多出 5 小时 16 分 40 秒(581 小时 16 分 40 秒−576 小时)，于是又决定每 400 年增加一个闰年。这样就比较接近实际情况了。

根据以上情况，决定闰年按以下规则计算：闰年应能被 4 整除(如 2004 年是闰年，而

2001年不是闰年),但不是所有能被4整除的年份都是闰年。在能被100整除的年份中,只有同时能被400整除的年份才是闰年(如2000年是闰年),能被100整除而不能被400整除的年份(如1800、1900、2100)不是闰年。

这是国际公认的规则。只说"能被4整除的年份是闰年"是不准确的。

教材上介绍的方法和程序是正确的。

第 5 章

循环结构程序设计

5.1 求 100～200 的全部素数。

解：在教材例 5.9 的基础上，用嵌套的 for 循环即可求出 100～200 的全部素数。

相应的程序如下：

```
#include <stdio.h>
#include <math.h>
int main()
 {int m,k,i,n=0;
  for(m=101;m<=200;m=m+2)              //m 从 101 变到 200，对每一个 m 进行判断
    { k=sqrt(m);
      for (i=2;i<=k;i++)
        if (m%i==0) break;             //如果 m 被 i 整除，终止循环，此时 i<k+1
      if (i>=k+1)
        {printf("%d ",m);
         n=n+1;
        }
      if(n%10==0) printf("\n");        //每输出 10 个数后换行
    }
  printf ("\n");
  return 0;
 }
```

运行结果如下：

```
101 103 107 109 113 127 131 137 139 149
151 157 163 167 173 179 181 191 193 197
199
```

根据常识，偶数不是素数，所以只对奇数进行测试，在外层的 for 语句中，用 m=m+2 使 m 每次增值 2。n 的作用是累计输出素数的个数，控制每行输出 10 个数。

5.2 输入一行字符，分别统计出其中英文字母、空格、数字和其他字符的个数。

解：程序如下所示。

```
#include <stdio.h>
int main()
 {
  char c;
  int letters=0,space=0,digit=0,other=0;
  printf("请输入一行字符：\n");
  while((c=getchar())!='\n')
   {
     if (c>='a' && c<='z' || c>='A' && c<='Z')
        letters++;
     else if (c==' ')
        space++;
     else if (c>='0' && c<='9')
        digit++;
     else
        other++;
    }
   printf("字母数：%d\n空格数：%d\n数字数：%d\n其他字符数：%d\n",letters,space,
                    digit,other);
   return 0;
  }
```

运行结果如下：

```
请输入一行字符：
I am a student.
字母数：11
空格数：3
数字数：0
其他字符数：1
```

5.3 输出所有的“水仙花数”，所谓“水仙花数”是指一个3位数，其各位数字立方和等于该数本身。例如，153是一水仙花数，因为$153=1^3+5^3+3^3$。

解：程序如下所示。

```
#include <stdio.h>
int main()
 {
  int i,j,k,n;
  printf("Parcissus numbers are ");
  for (n=100;n<1000;n++)
   {
```

```
    i=n/100;
    j=n/10-i * 10;
    k=n%10;
    if (n==i * i * i+j * j * j+k * k * k)
      printf("%d ",n);
   }
 printf("\n");
 return 0;
 }
```

运行结果：

```
Parcissus numbers are 153 370 371 407
```

5.4 猴子吃桃问题。猴子第一天摘下若干个桃子，当即吃了一半，还不过瘾，又多吃了一个。第二天早上又将剩下的桃子吃掉一半，又多吃了一个。以后每天早上都吃了前一天剩下的一半零一个。到第 10 天早上想再吃时，就只剩一个桃子了。求第一天共摘多少个桃子。

解：程序如下所示。

```
#include <stdio.h>
int main()
 {
  int day,x1,x2;
  day=9;
  x2=1;
  while(day>0)
   {x1=(x2+1) * 2;      //第 1 天的桃子数是第 2 天桃子数加 1 后的 2 倍
    x2=x1;
    day--;
   }
  printf("total=%d\n",x1);
  return 0;
 }
```

运行结果：

```
total=1543
```

5.5 一个球从 100m 高度自由落下，每次落地后反弹回原高度的一半，再落下，再反弹。求它在第 10 次落地时，共经过了多少米？第 10 次反弹多高？

解：程序如下所示。

```
#include <stdio.h>
int main()
```

```
{
  double sn=100,hn=sn/2;
  int n;
  for (n=2;n<=10;n++)
   {
  sn=sn+2*hn;           //第 n 次落地时共经过的米数
  hn=hn/2;              //第 n 次反弹高度
}
printf("第 10 次落地时共经过%f 米\n",sn);
printf("第 10 次反弹%f 米\n",hn);
return 0;
}
```

运行结果:

```
第 10 次落地时共经过 299.609375 米
第 10 次反弹 0.097656 米
```

5.6 输出以下图案:

```
      *
    * * *
  * * * * *
* * * * * * *
  * * * * *
    * * *
      *
```

解:程序如下所示。

```
#include <stdio.h>
int main()
 {int i,j,k;
  for (i=0;i<=3;i++)                     //输出上面 4 行*号
   {for (j=0;j<=2-i;j++)
      printf(" ");                       //输出一行(若干个)*号
    for (k=0;k<=2*i;k++)
      printf("*");                       //输出一行(若干个)*号
    printf("\n");                        //输出完一行*号后换行
   }
  for (i=0;i<=2;i++)                     //输出下面 3 行*号
   {for (j=0;j<=i;j++)
       printf(" ");                      //输出*号前面的空格
    for (k=0;k<=4-2*i;k++)
       printf("*");                      //输出一行(若干个)*号
    printf("\n");                        //输出完一行*号后换行
```

```
    }
    return 0;
}
```

运行结果：

```
      *
    * * *
  * * * * *
* * * * * * *
  * * * * *
    * * *
      *
```

5.7 两个乒乓球队进行比赛，各出3人。甲队为A、B、C 3人，乙队为X、Y、Z 3人。已抽签决定比赛名单。有人向队员打听比赛的名单，A说他不和X比，C说他不和X、Z比，请编程序找出3对选手的对阵名单。

解：先分析题目。按题意，画出如图5.1所示的示意图。

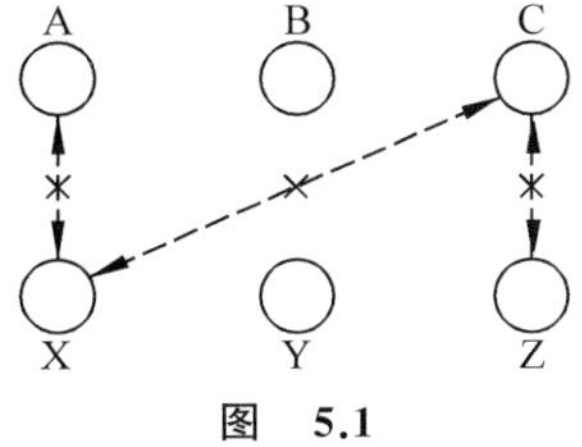

图 5.1

图5.1中带"×"符号的虚线表示不允许的组合。从图中可以看到：

① X既不与A比赛，又不与C比赛，必然与B比赛。

② C既不与X比赛，又不与Z比赛，必然与Y比赛。

③ 剩下的只能是A与Z比赛(见图5.2)。

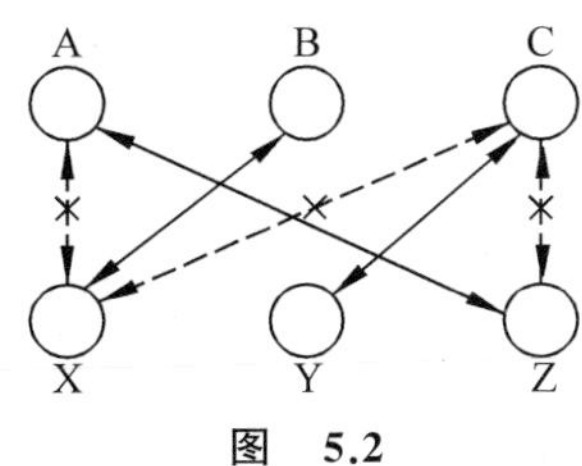

图 5.2

以上是人经过逻辑推理得到的结论。用计算机程序处理此问题时，不可能立即就得出此结论，而必须对每一种成对的组合一一检验，看它们是否符合条件。

开始时,并不知道 A、B、C 与 X、Y、Z 中哪一个比赛,可以假设:A 与 i 比赛,B 与 j 比赛,C 与 k 比赛,即:

```
A—i
B—j
C—k
```

i、j、k 分别是 X、Y、Z 之一,且 i、j、k 互不相等(一个队员不能与对方的两人比赛),参见图 5.3。

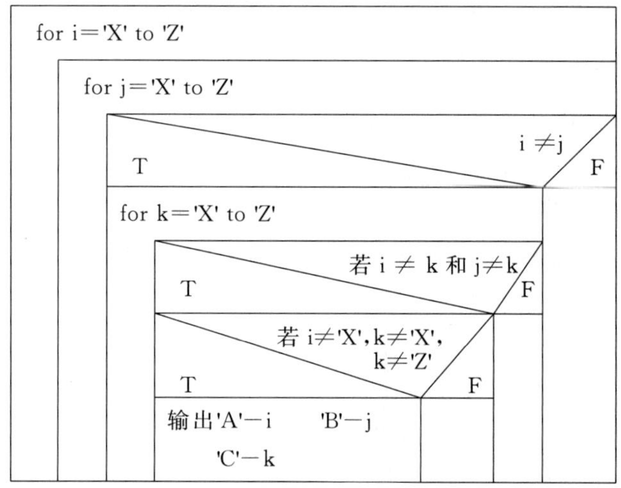

图 5.3

外循环使 i 由'X' 变到'Z',中循环使 j 由'X'变到'Z'(但 i 不应与 j 相等)。然后对每一组 i、j 的值,找符合条件的 k 值。k 同样也可能是'X'、'Y'、'Z'之一,但 k 也不应与 i 或 j 相等。在 i≠j≠k 的条件下,再把 i≠'X'和 k≠'X'以及 k≠'Z'的 i、j、k 的值输出即可。

相应的程序如下:

```
#include <stdio.h>
int main()
 {
  char i,j,k;                    //i 是 a 的对手;j 是 b 的对手;k 是 c 的对手
  for (i='X';i<='Z';i++)
    for (j='X';j<='Z';j++)
     if (i!=j)
       for (k='X';k<='Z';k++)
         if (i!=k && j!=k)
            if (i!='X' && k!='X' && k!='Z')
                 printf("A--%c\nB--%c\nC--%c\n",i,j,k);
```

```
  return 0;
}
```

运行结果：

```
A—Z
B—X
C—Y
```

说明：

(1) 整个执行部分只有一个语句，所以只在语句的最后有一个分号。请读者弄清楚循环和选择结构的嵌套关系。

(2) 分析最下面一个 if 语句中的条件：i≠'X'、k≠'X'、k≠'Z'，因为已事先假定 A－i、B－j、C－k，由于题目规定 A 不与 X 对抗，因此 i 不能等于'X'，同理，C 不与 X、Z 对抗，因此 k 不应等于'X'和'Z'。

(3) 题目给的是 A、B、C、X、Y、Z，而程序中用了加撇号的字符常量'X'、'Y'、'Z'，这是为什么？这是为了在运行时能直接输出字符 A、B、C、X、Y、Z，以表示 3 组对抗的情况。

第 6 章

利用数组处理批量数据

6.1 已知一个班 10 个学生的成绩，要求输入这 10 个学生的成绩，然后求出他们的平均成绩。

解：程序如下所示。

```
#include <stdio.h>
int main ()
 { float score[10],sum=0,aver;
   int i=0;
   printf("请输入 10 个学生的成绩: ");
   for (i;i<10;i++)
     {scanf(" %f",&score[i]);
      sum=sum+score[i];
     }
   aver=sum/10;
   printf("平均成绩: %6.2f\n",aver);
   return 0;
 }
```

运行结果：

```
请输入 10 个学生的成绩: 87 69.5 90 75 56 99.5 83 79 95 100↙
平均成绩: 83.40
```

6.2 一个班 10 个学生的成绩，存放在一个一维数组中，要求找出其中成绩最高的学生的成绩和该学生的序号。

解：在上题基础上做些修改即可。设变量 max 为存放最高分数的变量，i_max 为存放最高分者的序号。在输入一个数组元素后，即和 max 的原值相比较，如果大于 max 的原值，就把该元素的值赋给 max，取代了 max 的原值。同时把数组下标(即元素的序号)存放在 i_max 变量中。如果该元素的值不大于 max 的原值，则不进行以上的置换。max 和 i_max 的最后值就是 10 个成绩的最高分和获该成绩的学生的序号。

相应的程序如下：

```
#include <stdio.h>
int main ()
 { float score[10],sum=0,max=0;
   int i=0,i_max;
   printf("请输入 10 个学生的成绩: ");
   for (i;i<10;i++)
     {scanf("%f",&score[i]);
      if(score[i]>max) max=score[i];i_max=i;
     }
   printf("最高成绩: %6.2f\n 成绩最高者的序号: %d\n",max,i_max);
   return 0;
 }
```

运行结果：

```
请输入 10 个学生的成绩: 87 69.5 90 75 56 99.5 83 79 95 100↙
最高成绩: 100.00
成绩最高者的序号: 9
```

序号为 9 的学生就是第 10 个学生(因为数组下标是从 0 起算的)。如果用户不想用序号表示,而想用“第几个学生”的形式来表示,可以在 printf 函数中把 i_max 改为 i_max+1 即可,把最后一个语句改为

```
printf("最高成绩: %6.2f\n 成绩最高者是第%d 个学生。\n",max,i_max+1);
```

这样在运行时输出的最后两行为

```
最高成绩: 100.00
成绩最高者是第 10 个学生。
```

6.3 有 5 个学生,上 4 门课程,要求输入全部学生各门课程的成绩,并分别求出每门课程的平均成绩。

解:此问题可用二维数组来处理。将学生序号作为行,成绩作为列。共需 5 行 4 列。但考虑到还要求各门课程的平均成绩,所以定义的数组为 6 行 4 列,最后一行用来存放各门课程的平均成绩。

相应的程序如下:

```
#include <stdio.h>
int main ()
 { float score[6][4],sum;
   int i,j;
     //输入数据
   for(i=0;i<5;i++)
     {printf("请输入第%d 个学生的 4 门课程成绩: ",i+1);
```

```
        for (j=0;j<4;j++)
          scanf("%f",&score[i][j]);
      }
      //输出数组中的数据
   printf("已输入的成绩是: \n");
   for(i=0;i<5;i++)
      {for(j=0;j<4;j++)
           printf("%7.2f  ",score[i][j]);
       printf("\n");
      }
    //求各门课程的平均成绩并输出
   printf("各门课程的平均成绩如下: \n");
   for(j=0;j<4;j++)
     {sum=0;
      for(i=0;i<5;i++)
        sum=sum+score[i][j];
      score[5][j]=sum/5.0;          //求出序号为 i 的课程的平均成绩并存放在最后一行
      printf("第%d门课程的平均成绩是: %6.2f\n",j+1,score[5][j]);
     }
   return 0;
 }
```

运行结果：

```
请输入第 1 个学生的 4 门课程成绩: 94 78 87 96↙
请输入第 2 个学生的 4 门课程成绩: 66 87 75 69↙
请输入第 3 个学生的 4 门课程成绩: 100 98 89 77↙
请输入第 4 个学生的 4 门课程成绩: 92 58 72 84↙
请输入第 5 个学生的 4 门课程成绩: 82 73 67 54↙
```

已输入的成绩是：

```
 94.00  78.00  87.00  96.00
 66.00  87.00  75.00  69.00
100.00  98.00  75.00  69.00
 92.00  58.00  72.00  84.00
 82.00  73.00  67.00  54.00
```

各门课程的平均成绩如下：

```
第 1 门课程的平均成绩是: 86.80
第 2 门课程的平均成绩是: 78.80
第 3 门课程的平均成绩是: 78.00
第 4 门课程的平均成绩是: 76.00
```

说明：在输入完 5 门课程成绩之后，数组中的数据如图 6.1 所示。可以看到前 5 行中各元素已存放了 5 名学生的 4 门课程的成绩，第 6 行未被赋值，其值是不可知的。程序第 24 行求出序号为 i 的课程的平均成绩，并存放在数组最后一行的相应的列中，例如当循环变量i 为 0 时，求出序号为 0 的课程的平均成绩，并存放在 score[5][0]中，其他的依此类推。

Score[0][0]=94	Score[0][1]=78	Score[0][2]=87	Score[0][3]=76
Score[1][0]=66	Score[1][1]=87	Score[1][2]=75	Score[1][3]=69
Score[2][0]=100	Score[2][1]=98	Score[2][2]=89	Score[2][3]=77
Score[3][0]=92	Score[3][1]=58	Score[3][2]=72	Score[3][3]=84
Score[4][0]=82	Score[4][1]=73	Score[4][2]=67	Score[4][3]=54
Score[5][0]	Score[5][1]	Score[5][2]	Score[5][3]

最后一行存放4门课程的平均成绩

图 6.1

6.4 已知 5 个学生 4 门课程的成绩，要求求出每个学生的平均成绩，然后对平均成绩从高到低将各学生的成绩记录排序（成绩最高的学生排在数组最前面的行，成绩最低的学生排在数组最后面的行）。

解：分 3 个步骤来解决此问题。

(1) 求出 5 个学生 4 门课程的成绩。思路与上题相似，但现在不是求各门课程的平均成绩，而是求 5 个学生各门课程的平均成绩。设一个 5×5 的二维数组，其中 5 行前 4 列用来存放 5 个学生 4 门课程的成绩，第 5 列用来存放 5 个学生的平均分数（见图 6.2）。

前5列存放5个学生的平均成绩

Score[0][0]=94	Score[0][1]=78	Score[0][2]=87	Score[0][3]=76	Score[0][4]=0
Score[1][0]=66	Score[1][1]=87	Score[1][2]=75	Score[1][3]=69	Score[1][4]=0
Score[2][0]=100	Score[2][1]=98	Score[2][2]=89	Score[2][3]=77	Score[2][4]=0
Score[3][0]=92	Score[3][1]=58	Score[3][2]=72	Score[3][3]=84	Score[3][4]=0
Score[4][0]=82	Score[4][1]=73	Score[4][2]=67	Score[4][3]=54	Score[4][4]=0

图 6.2

相应的程序如下：

```
#include <stdio.h>
int main ()
 { float sum, score[5][5]={{94,78,87,76},{66,87,75,69},{100,98,89,77},
                          {92,58,72,84},{82,73,67,54}};
   int i,j;
        //输出数组中的数据
```

```
    printf("5 个学生的成绩是: \n");
    for(i=0;i<5;i++)
      {for(j=0;j<5;j++)
           printf("%6.2f  ",score[i][j]);
       printf("\n");
      }
     //求各门课程的平均成绩并输出
    printf("各门课程的平均成绩如下: \n");
    for(i=0;i<5;i++)
      {sum=0;
       for(j=0;j<4;j++)
         sum=sum+score[i][j];
       score[i][4]=sum/5.0;
       printf("第%d个学生的平均成绩是: %6.2f\n",i+1,score[i][4]);
      }
      return 0;
 }
```

运行结果：

```
5 个学生的成绩是:
 94.00   78.00   87.00   76.00    0.00
 66.00   87.00   75.00   69.00    0.00
100.00   98.00   89.00   77.00    0.00
 92.00   58.00   72.00   84.00    0.00
 82.00   73.00   67.00   54.00    0.00
各门课程的平均成绩如下:
第 1 个学生的平均成绩是: 83.75
第 2 个学生的平均成绩是: 74.25
第 3 个学生的平均成绩是: 91.00
第 4 个学生的平均成绩是: 76.50
第 5 个学生的平均成绩是: 69.00
```

说明：

(1) 程序中建立了一个 5×5 的二维数组，前 4 列用来存放 5 个学生的成绩，第 5 列(序号为 4)存放各学生的平均成绩。在程序中对数组元素赋初值时，对每一行只给出了 4 个数据，即 4 门课程的成绩，第 5 列元素未赋初值，系统默认它的值为 0，所以在开头输出 5 个学生的成绩时，第 5 列(平均成绩)为 0。在程序计算了平均成绩后，各行第 5 列中就存放了平均成绩。

(2) 讨论排序方法。题目要求按平均成绩对各学生的成绩数据进行排序，排序的方法很多，在教材中介绍了"起泡法"，在此再介绍"选择排序法"。

选择排序法的思路如下：设有 5 个元素 a[0]～a[4]，见图 6.3(a)。怎样实现把这 5 个数按从大到小顺序排列呢？第一步设法把5个数中的最大数调到最前面，即放在a[0]中。如何做呢？将a[0]与a[1]～a[4]比较，若a[0]比a[1]～a[4]都大，则不进行交换，即无任何操作。若a[1]～a[4]中有一个以上比a[0]大，则将其中最大的一个(假设为a[i])与a[0]交换，见图6.3(b)，此时，a[0]中存放了5个中最大的数。

	原有	第一轮交换后	第二轮交换后	第三轮	第四轮
a[0]	8	91	91	91	91
a[1]	14	14	74	74	74
a[2]	25	25	25	25	25
a[3]	91	8	8	8	14
a[4]	74	74	14	14	8
	(a)	(b)	(c)	(d)	(e)

图 6.3

第二轮的目的是将剩下4个数中的最大者放在a[1]中。方法是：将a[1]与a[2]～a[4]比较，将其中的最大者a[i]与a[1]对换，见图6.3(b)，此时a[1]中存放的是5个中第二大的数。依此类推，共进行4轮比较，a[0]～a[4]就已按由大到小的顺序存放了。N-S图如图6.4所示。

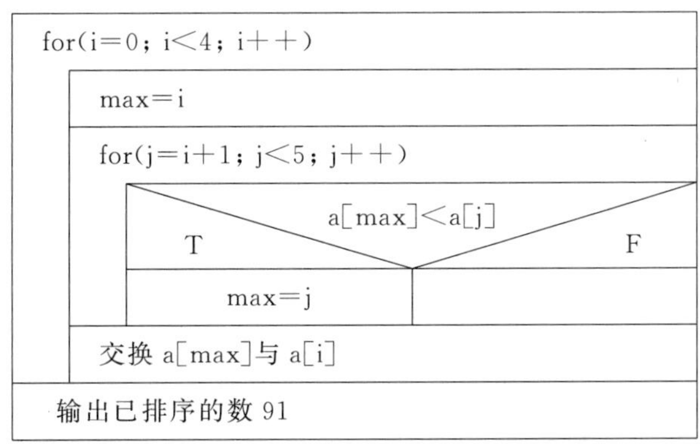
for(i=0; i<4; i++)
max=i
for(j=i+1; j<5; j++)
a[max]<a[j]
T
F
max=j
交换 a[max]与 a[i]
输出已排序的数 91

图 6.4

下面以具体的数据为例说明是怎样比较和交换的。如图6.3(a)所示，开始时的顺序是8,14,25,91,74。将8(即a[0])与后面4个数比较，先和14(即a[1])比，发现14>8，但先不将14和8交换，因为还不能确定14是a[1]到a[4]中最大的数。先把14的位置保存下来，14是数组元素a[1]的值，于是把a[1]的下标(即序号1)保存下来，放在一个变量max中。注意现在a[max](即a[1])前两个数中的最大数。

为了找出5个数中的最大数，下面应该将a[max]与后面的数比较(因为a[max]是已比较过的两个数中最大的数，用它和其他数相比才能找出最大数)。现在a[max]就是a[1]，值为14。把它和a[2](值是25)比较。显然25大于14，把25在数组中的序号(就是

2)保存在变量 max 中,取代了 max 的原值,它表示序号为 2 的数据是 a[0]～a[2]中最大的。接下来再将 a[max](即 a[2],值为 25)与 a[3](值为 91)比,显然 91 大于 25。再把 91(即 a[3])的序号 3 取代 max 的原值,此时变量 max 的值为 3。最后再将 a[max](此时是 a[3],值为 91)与 a[4](值为 74)比,显然 74 小于 91,因此不将 74 的序号 4 保存在 max 中。max 的值仍为 3。

到此为止,已将 5 个数都比完了,最大数的序号为 max,a[max]就是 5 个数中的最大数。max 的值为 3,因此 a[3]就是最大的数,把 a[3]与 a[0]对换,就得到图 6.3(b),实现了把最大的数放在最前面的目的。

这种方法看来好似很复杂,但是思路很好理解,如同打擂台一样,第一人先上台,此时无人曾与之相比,他可以暂时作为擂主。第二个人上去与他比武,如果第二人打败第一人,那么第二人就是前二人中的强者。第三人再上去,显然是与前二人中的强者(即第二人)相比,如果第三者胜,则他留在台上,接着与其后的人相比。最后留在台上的就是 5 个人中的冠军。

相应的程序如下:

```
#include <stdio.h>
int main()
 { int a[5]={8,14,25,91,74};
   int i,j,max,temp;
   for (i=0;i<4;i++)
     {max=i;
      for (j=i+1;j<5;j++)
        if (a[max]<a[j]) max=j;
      temp=a[i];
      a[i]=a[max];
      a[max]=temp;
     }
   printf("已排好序的数: \n");
   for (i=0;i<5;i++)
     printf("%5d",a[i]);
   printf("\n");
   return 0;
 }
```

运行结果:

```
已排好序的数
    91   74   25   14   8
```

(2) 将本题(1)中的 5 个学生的成绩按由高而低的顺序进行排序。

排序的方法和程序已在前面介绍了，对于本题来说，用以上的程序还需要做一些改动。

① 把数组类型改为 float 型。

② 上面的程序用一维数组，进行比较的元素只有一个下标，如 a[max]<a[j]。而本题用二维数组，进行比较的元素有一个下标，如 score[0][4]与 a[max][4]相比较，第二个下标是二维数组的第 4 列，即学生的平均成绩。

③ 交换数据时，上面的程序只要交换 a[i]和 a[max]，而本题要交换学生的 4 门课程成绩和平均成绩。

在本题(1)提供的程序基础上加入排序部分并做了些修改，编写出下面的程序：

```
#include <stdio.h>
int main ()
 { float sum,temp,score[5][5]={{94,78,87,76},{66,87,75,69},{100,98,89,77},
                               {92,58,72,84},{82,73,67,54}};
   int i,j,max;
        //输出数组中的数据
   printf("5 个学生的成绩是: \n");
   for(i=0;i<5;i++)
      {for(j=0;j<4;j++)
           printf("%6.2f  ",score[i][j]);
       printf("\n");
      }
    //求各门课程的平均成绩并输出
   printf("\n 各门课程的平均成绩如下: \n");
   for(i=0;i<5;i++)
     {sum=0;
      for(j=0;j<4;j++)
        sum=sum+score[i][j];
      score[i][4]=sum/4.0;
      printf("第%d 个学生的平均成绩是: %6.2f\n",i+1,score[i][4]);
      }
    //按平均成绩从大到小排序
   for (i=0;i<4;i++)
     {max=i;
      for (j=i+1;j<5;j++)
        if (score[max][4]<score[j][4]) max=j;    //保存最大数的序号
         //下面是将交换各行数据
      temp=score[i][4]; score[i][4]=score[max][4]; score[max][4]=temp; //换第 4 列
      temp=score[i][0]; score[i][0]=score[max][0]; score[max][0]=temp; //换第 0 列
      temp=score[i][1]; score[i][1]=score[max][1]; score[max][1]=temp; //换第 1 列
```

```
     temp=score[i][2]; score[i][2]=score[max][2]; score[max][2]=temp; //换第 2 列
     temp=score[i][3]; score[i][3]=score[max][3]; score[max][3]=temp; //换第 3 列
    }
      //输出排序后数组中的数据
    printf("\n 排序后 5 个学生的成绩是: \n");
    printf("课程 1     课程 2    课程 3    课程 4    平均成绩\n");
    for(i=0;i<5;i++)
     {for(j=0;j<5;j++)
          printf("%6.2f  ",score[i][j]);
      printf("\n");
     }
     return 0;
   }
```

运行结果：

```
5 个学生的成绩是:
 94.00   78.00   87.00   76.00
 66.00   87.00   75.00   69.00
100.00   98.00   89.00   77.00
 92.00   58.00   72.00   84.00
 82.00   73.00   67.00   54.00
各门课程的平均成绩如下:
第 1 个学生的平均成绩是: 83.75
第 2 个学生的平均成绩是: 74.25
第 3 个学生的平均成绩是: 91.00
第 4 个学生的平均成绩是: 76.50
第 5 个学生的平均成绩是: 69.00
排序后 5 个学生的成绩是:
课程 1   课程 2   课程 3   课程 4   平均成绩
100.00   98.00   89.00   77.00   91.00
 94.00   78.00   87.00   76.00   83.75
 82.00   58.00   72.00   84.00   74.00
 66.00   87.00   75.00   69.00   74.25
 82.00   73.00   67.00   54.00   69.00
```

6.5 将一个数组中的值按逆序重新存放。例如,原来顺序为 8,6,5,4,1。要求改为 1,4,5,6,8。

解: 解此题的思路是以中间的元素为中心,将其两侧对称的元素的值互换即可。例如,将 5 和 9 互换,将 8 和 6 互换。N-S 图参见图 6.5。

显示初始数组元素	
for (i=0; i<N/2; i++)	
	第 i 个元素与第 N-i-1 个元素互换
显示逆序存放的各数组元素	

图 6.5

按此思路编写程序如下：

```
#include <stdio.h>
#define N 5
int main()
 { int a[N],i,temp;
   printf("enter array a: \n");
   for (i=0;i<N;i++)
     scanf("%d",&a[i]);
   printf("array a: \n");
   for (i=0;i<N;i++)
     printf("%5d",a[i]);
   for (i=0;i<N/2;i++)                    //循环的作用是将对称的元素的值互换
     { temp=a[i];
       a[i]=a[N-i-1];
       a[N-i-1]=temp;
      }
   printf("\nNow,array a: \n");
   for (i=0;i<N;i++)
     printf("%5d",a[i]);
   printf("\n");
   return 0;
 }
```

运行情况如下：

```
enter array a:
8 6 5 4 1↙
array a:
    8    6    5    4    1
Now,array a:
    1    4    5    6    8
```

6.6 有 15 个数按由大到小顺序存放在一个数组中，输入一个数，要求用折半查找法找出该数是数组中第几个元素的值。如果该数不在数组中,则输出“无此数”。

解:从表列中查一个数最简单的方法是从第1个数开始顺序查找,将要找的数与表列中的数一一比较,直到找到为止(如果表列中无此数,则应找到最后一个数,然后判定“找不到”)。

但这种“顺序查找法”效率低,如果表列中有1000个数,且要找的数恰恰是第1000个数,则要进行999次比较才能得到结果。平均比较次数为500次。

折半查找法是效率较高的一种方法。基本思路如下所示。

假如有已按由小到大排好序的9个数,a[1]~a[9],其值分别为

```
1,3,5,7,9,11,13,15,17
```

若输入一个数3,想查3是否在此数列中,先找出表列中居中的数,即a[5],将要找的数3与a[5]比较,今a[5]的值是9,发现a[5]>3,显然3应当在a[1]~a[5]范围内,而不会在a[6]~a[9]范围内。这样就可以缩小查找范围,甩掉a[6]~a[9]这一部分,即将查找范围缩小为一半。再找a[1]~a[5]范围内的居中的数,即a[3],将要找的数3与a[3]比较,a[3]的值是5,发现a[3]>3,显然3应当在a[1]~a[3]范围内。这样又将查找范围缩小一半。再将3与a[1]~a[3]范围内的居中的数a[2]比较,发现要找的数3等于a[2],查找结束。一共比较了3次。如果表列中有n个数,则最多比较的次数为$\text{int}(\log_2 n)+1$。

N-S图如图6.6所示。

相应的程序如下:

```
#include <stdio.h>
#define  N 15
int main()
 { int a[N]={2,5,9,13,34,56,59,78,90,123,234,256,345,567,876};
   int i,number,top,bott,mid,loca,flag=1,sign;
   char c;
   printf("输出表列中的N个数\n");
   for (i=0;i<N;i++)
     printf("%5d",a[i]);
   printf("\n");
   while(flag)
     {printf("请输入你要查找的数: ");
      scanf("%d",&number);
      sign=0;
      top=0;                                  //top是查找区间的起始位置
      bott=N-1;                               //bott是查找区间的最末位置
      if ((number<a[0])||(number>a[N-1]))     //要查的数不在查找区间内
```

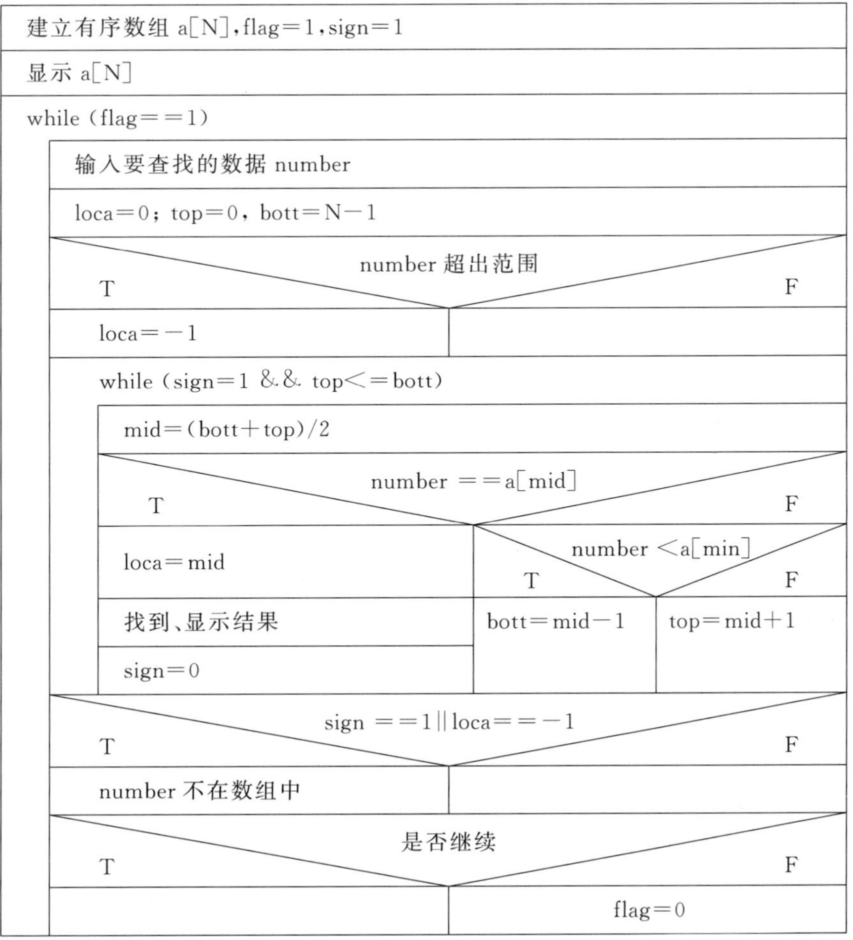
建立有序数组 a[N],flag=1,sign=1
显示 a[N]
while (flag==1)
输入要查找的数据 number
loca=0; top=0, bott=N-1
number 超出范围
T
F
loca=-1
while (sign=1 && top<=bott)
mid=(bott+top)/2
number ==a[mid]
T
F
loca=mid
number <a[min]
T
F
找到、显示结果
bott=mid-1
top=mid+1
sign=0
sign ==1||loca==-1
T
F
number 不在数组中
是否继续
T
F
flag=0

top、bott：查找区间两端点的下标；loca：查找成功与否的开关变量。

图 6.6

```
  loca=-1;                                        //表示找不到
while ((!sign) && (top<=bott))
  {mid=(bott+top)/2;
   if (number==a[mid])
    {loca=mid;
     printf("找到%d,它是第%d个数\n",number,loca+1);
     sign=1;
    }
   else if (number<a[mid])
    bott=mid-1;
   else
   top=mid+1;
  }
```

```
    if(!sign||loca==-1)
      printf("找不到%d.\n",number);;
    printf("如要继续,按'Y',想终止按'N'!");
    scanf(" %c",&c);
    if (c=='N'||c=='n')
      flag=0;
  }
  return 0;
}
```

运行情况如下：

```
输出表列中的 N 个数
  2    5    9   13   34   56   59   78   90  123  234  256  345  567  876
请输入你要查找的数: 57↙                    (要查找 57)
找不到 57
如要继续,按'Y',想终止按'N'!Y↙             (要继续查找)
请输入你要查找的数: 20↙
找不到 20
如要继续,按'Y',想终止按'N'!Y↙             (要继续查找)
请输入你要查找的数: 123↙
找到 123,它是第 10 个数
如要继续,按'Y',想终止按'N'!Y↙             (要继续查找)人
请输入你要查找的数: 234↙
找到 234,它是第 11 个数
如要继续,按'Y',想终止按'N'!N↙             (不想继续找了)
(运行结束)

1 3 4 5 6 8 12 23 34 44 45 56 57 58 68     (输出全部 15 个数)
input number to look for: 7↙               (要查找 7)
can not find 7.                            (找不到 7)
continue or not(Y/N)?y↙                    (还要继续查找)
input number to look for: 12↙              (要查找 12)
Has found 12,its position is 7             (12 的位置是第 7 个数)
continue or not(Y/N)?  n↙
    (运行结束)
```

6.7 输出以下图案：

```
* * * * *
  * * * * *
    * * * * *
      * * * * *
```

```
        *  *  *  *  *
```

解：程序如下所示。

```
#include <stdio.h>
int main()
{ char a[5]={'*','*','*','*','*'};
  int i,j,k;
  char space=' ';
  for (i=0;i<5;i++)
   { printf("\n");
     printf("    ");
     for (j=1;j<=i;j++)
       printf("%c",space);
     for (k=0;k<5;k++)
       printf("%c",a[k]);
   }
  printf("\n");
  return 0;
}
```

运行结果：

```
*  *  *  *  *
  *  *  *  *  *
    *  *  *  *  *
      *  *  *  *  *
        *  *  *  *  *
```

6.8 有一篇短文，共有3行文字，每行有80个字符。想统计出其中英文大写字母、小写字母、数字、空格以及其他字符各有多少个。

解：N-S图如图6.7所示。

相应的程序如下：

```
#include <stdio.h>
int main()
{int i,j,upp,low,dig,spa,oth;
 char text[3][80];
 upp=low=dig=spa=oth=0;
 for (i=0;i<3;i++)
  { printf("please input line %d: \n",i+1);
    gets(text[i]);
    for (j=0;j<80 && text[i][j]!='\0';j++)
     {if (text[i][j]>='A'&& text[i][j]<='Z')
        upp++;
```

```
        else if (text[i][j]>='a' && text[i][j]<='z')
          low++;
        else if (text[i][j]>='0' && text[i][j]<='9')
          dig++;
        else if (text[i][j]==' ')
          spa++;
        else
          oth++;
      }
    }
    printf("\nupper case: %d\n",upp);
    printf("lower case: %d\n",low);
    printf("digit     : %d\n",dig);
    printf("space     : %d\n",spa);
    printf("other     : %d\n",oth);
    return 0;
}
```

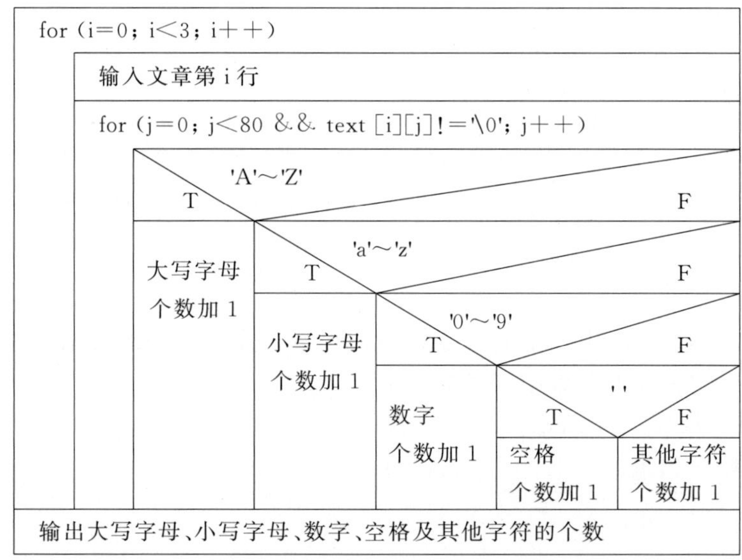

图 6.7

运行情况如下:

```
please input line 1:
I am a student.↙
please input line 2:
123456↙
please input line 3:
ASDFG↙
```

```
upper case :   6
lower case :   10
digit      :   6
space      :   3
other      :   1
```

说明：数组 text 的行号为 0～2，但在提示用户输入各行数据时，要求用户输入第 1 行、第 2 行、第 3 行，而不是第 0 行、第 1 行、第 2 行，这完全是照顾人们的习惯。为此，在程序第 6 行中输出行数时用 i+1，而不用 i。这样并不影响程序对数组的处理，程序其他地方数组的第 1 个下标值仍然是 0～2。

6.9 有一行电文，已按下面规律译成密码：

A→Z a→z

B→Y b→y

C→X c→x

⋮　⋮

即第 1 个字母变成第 26 个字母，第 2 个字母变成第 25 个字母，第 i 个字母变成第(26－i+1)个字母。非字母字符不变。假如已知道密码是 Umtorhs，要求编程序将密码译回原文，并输出密码和原文。

解：可以定义一个数组 ch，在其中存放电文。如果字符 ch[j]是大写字母，则它是 26 个字母中的第(ch[j]－64)个大写字母。例如，若 ch[j] 的值是大写字母'B'，它的 ASCII 码为 66，它应是字母表中第(66－64)个大写字母，即第 2 个字母。按密码规定应将它转换为第(26－i＋1)个大写字母，即第(26－2＋1)＝25 个大写字母。而 26－i＋1＝26－(ch[j]－64)＋1＝26＋64－ch[j]＋1，即 91－ch[j]（如 ch[j]等于'B'，91－'B'＝91－66＝25，ch[j]应将它转换为第 25 个大写字母）。该字母的 ASCII 码为 91－ch[j]＋64，而 91－ch[j]的值为 25，因此 91－ch[j]＋64＝25＋64＝89，89 是'Y'的 ASCII 码。表达式 91－ch[j]＋64 可以直接表示为 155－ch[j]。小写字母情况与此相似，但由于小写字母'a'的 ASCII 码为 97，因此处理小写字母的公式应改为 26＋96－ch[j]＋1＋96＝123－ch[j]＋96＝219－ch[j]。例如，若 ch[j]的值为'b'，则其交换对象为 219－'b'＝219－98＝121，它是'y'的 ASCII 码。

由于此密码的规律是对称转换，即第 1 个字母转换为最后一个字母，最后一个字母转换为第 1 个字母，因此从原文译为密码和从密码译为原文，都是用同一个公式。

N-S 图如图 6.8 所示。

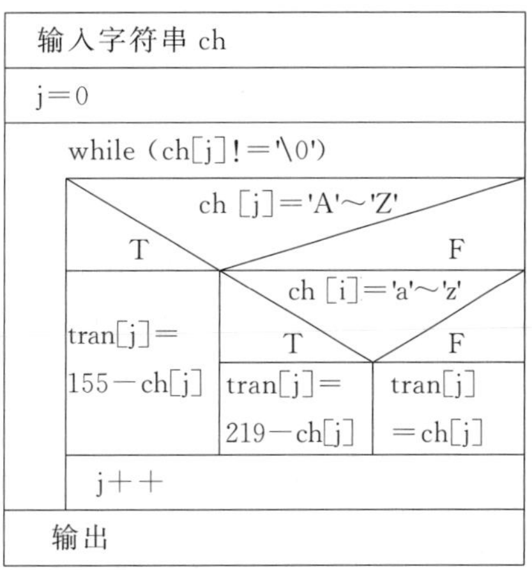

图 6.8

可以用以下两种方法。

(1) 用两个字符数组分别存放原文和密码电文。相应的程序如下：

```
#include <stdio.h>
int main()
  { int j,n;
    char ch[80],tran[80];
    printf("input cipher code: ");
    gets(ch);
    printf("\ncipher code  : %s",ch);
    j=0;
    while (ch[j]!='\0')
      { if ((ch[j]>='A') && (ch[j]<='Z'))
          tran[j]=155-ch[j];
        else if ((ch[j]>='a') && (ch[j]<='z'))
          tran[j]=219-ch[j];
        else
          tran[j]=ch[j];
        j++;
      }
      n=j;
      printf("\noriginal text: ");
      for (j=0;j<n;j++)
        putchar(tran[j]);
      printf("\n");
      return 0;
  }
```

运行情况如下：

```
input cipher code: R droo erhrg Xsrmz mvcg dvvp.↙

cipher code:   R droo erhrg Xsrmz mvcg dvvp.
original text:   I will visit China next week.
```

(2) 只用一个字符数组。相应的程序如下：

```
#include <stdio.h>
int main()
 {int j,n;
  char ch[80];
  printf("input cipher code: \n");
  gets(ch);
  printf("\ncipher code: %s\n",ch);
```

```
  j=0;
  while (ch[j]!='\0')
  { if ((ch[j]>='A') && (ch[j]<='Z'))
      ch[j]=155-ch[j];
    else if ((ch[j]>='a') && (ch[j]<='z'))
      ch[j]=219-ch[j];
    else
      ch[j]=ch[j];
    j++;
  }
  n=j;
  printf("original text: ");
  for (j=0;j<n;j++)
    putchar(ch[j]);
  printf("\n");
  return 0;
 }
```

运行情况同上。

6.10 编一程序,将两个字符串连接起来。

(1) 用 strcat 函数。

(2) 不用 strcat 函数。

解:(1) 用 strcat 函数,比较简单。可以编写程序如下:

```
#include <stdio.h>
#include <string.h>
int main()
{ char s1[80],s2[40];
  printf("input string1: ");
  scanf("%s",s1);                        //输入字符串 1
  printf("input string2: ");
  scanf("%s",s2);                        //输入字符串 2
  strcat(s1,s2);                         //用 strcat 函数连接两个字符串
  printf("\nThe new string is: %s\n",s1); //输出连接后的字符串 s1
  return 0;
}
```

运行结果:

```
input string1: country↙
input string2: side↙
The new string is: countryside
```

说明：

① strcat 函数的作用是将 s2 连接在 s1 的后面，函数的返回值是 s1 的起始地址。在用 printf 函数输出 s1 时，由于在 s1 数组中已增加了 s2 的字符，因此输出了已连接的字符串。

也可以将最后两个语句合并成以下一行：

```
printf("\nThe new string is: %s\n",strcat(s1,s2));
```

运行结果是相同的。

② 在输入的字符串中不能包括空格，因为系统把空格作为字符串的终止符。如果想输入 s1 的内容为“One World.”，S2 的内容为“One Dream.”，希望得到的结果是“One World. One Dream.”。这是做不到的，读者可以试一下。结果是

```
input string1: One World.↙
input string2:
The new string is: OneWorld.
```

原因是：在输入“One World.”后，系统认为已输入了两个字符串，把空格作为第一个字符串的结束标志，把“One”送到 s1，再把后面的“World.”作为第二个字符串送给 s2，连接起来得到“OneWorld.”。

(2) 不用 strcat 函数将两个字符串连接起来。

这就需要自己设计把 s2 中的字符逐个复制到 s1 的后面，N-S 图如图 6.9 所示。

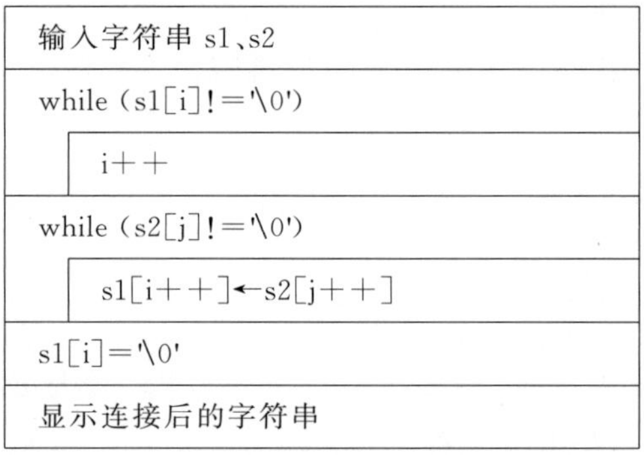

输入字符串 s1、s2
while (s1[i]! ='\0')
i++
while (s2[j]! ='\0')
s1[i++]←s2[j++]
s1[i]='\0'
显示连接后的字符串

图 6.9

相应的程序如下：

```
#include <stdio.h>
int main ()
 { char s1[80],s2[40];
   int i=0,j=0;
   printf("input string1: ");
   scanf("%s",s1);
   printf("input string2: ");
```

```
   scanf("%s",s2);
   while (s1[i]!='\0')
     i++;
   while(s2[j]!='\0')
     s1[i++]=s2[j++];
   s1[i]='\0';
   printf("\nThe new string is: %s\n",s1);
   return 0;
 }
```

运行结果：

```
input string1: country↙
input string2: side↙
The new string is: countryside
```

第 7 章

利用函数实现模块化程序设计

7.1 写两个函数，分别求两个整数的最大公约数和最小公倍数，用主函数调用这两个函数，并输出结果。两个整数由键盘输入。

解：设两个整数为 u 和 v，用辗转相除法求最大公约数的算法如下所示。

```
if v>u
将变量 u 与 v 的值互换                    (使较大者 u 为被除数)
while (u/v 的余数 r≠0)
{u=v                                     (使除数 v 变为被除数 u)
v=r                                      (使余数 r 变为除数 v)
}
输出最大公约数 r
最小公倍数 l=u*v/最大公约数 r。
```

据此写出相应的程序如下：

```
#include <stdio.h>
int main()
  {int hcf(int,int);
   int lcd(int,int,int);
   int u,v,h,l;
   printf("请输入两个数: ");
   scanf("%d,%d",&u,&v);
   h=hcf(u,v);
   printf("最大公约数: %d\n",h);
   l=lcd(u,v,h);
   printf("最小公倍数: %d\n",l);
   return 0;
  }

int hcf(int u,int v)
 {int t,r;
 if (v>u)
```

```
    {t=u;u=v;v=t;}
 while ((r=u%v)!=0)
    {u=v;
     v=r;}
  return(v);
 }

int lcd(int u,int v,int h)
  {
   return(u*v/h);
  }
```

运行结果：

```
请输入两个数：36,27↙            (输入两个整数)
最大公约数：9                    (最大公约数)
最小公倍数：108                  (最小公倍数)
```

7.2 写一个判素数的函数，在主函数输入一个整数，程序输出该数是否素数的信息。

解：程序如下所示。

```
#include <stdio.h>
int main()
 {int prime(int);
  int n;
  printf("请输入一个整数：");
  scanf("%d",&n);
  if (prime(n))
    printf("%d 是一个素数。\n",n);
  else
    printf("%d 不是一个素数。\n",n);
  return 0;
 }

 int prime(int n)
  {int flag=1,i;
   for (i=2;i<n/2 && flag==1;i++)
     if (n%i==0)
       flag=0;
   return(flag);
  }
```

运行结果：

① 请输入一个整数: 17↙
17 是一个素数。
② input an integer: 25↙
25 不是一个素数。

7.3 写一个函数,使给定的一个 3×3 的二维整型数组转置,即行列互换。

解: 程序如下所示。

```
#include <stdio.h>
#define N 3
int array[N][N];
int main()
 { void convert(int array[][3]);
 int i,j;
  printf("input array: \n");
  for (i=0;i<N;i++)
    for (j=0;j<N;j++)
      scanf("%d",&array[i][j]);
  printf("\noriginal array: \n");
  for (i=0;i<N;i++)
   {for (j=0;j<N;j++)
     printf("%5d",array[i][j]);
    printf("\n");
   }
 convert(array);
  printf("convert array: \n");
  for (i=0;i<N;i++)
   {for (j=0;j<N;j++)
      printf("%5d",array[i][j]);
    printf("\n");
   }
   return 0;
  }

void convert(int array[][3])              //定义转置数组的函数
 {int i,j,t;
 for (i=0;i<N;i++)
    for (j=i+1;j<N;j++)
     {t=array[i][j];
      array[i][j]=array[j][i];
      array[j][i]=t;
     }
```

```
}
```

运行结果：

```
input array:
1 2 3↙
4 5 6↙
7 8 9↙

original array:
   1   2   3
   4   5   6
   7   8   9
convert array:
   1   4   7
   2   5   8
   3   6   9
```

7.4 写一个函数，使输入的一个字符串按反序存放，如输入“CANADA”，输出“ADANAC”。在主函数中输入和输出字符串。

解：程序如下所示。

```
#include <stdio.h>
#include <string.h>
int main()
 {void inverse(char str[]);
  char str[100];
  printf("input string: ");
  scanf("%s",str);
  inverse(str);
  printf("inverse string: %s\n",str);
  return 0;
 }

void inverse(char str[])
 {char t;
  int i,j;
  for (i=0,j=strlen(str);i<(strlen(str)/2);i++,j--)
   {t=str[i];
    str[i]=str[j-1];
    str[j-1]=t;
   }
 }
```

运行结果:

```
input string: abcdefg↙
inverse string: gfedcba
```

7.5 写一个函数,将两个字符串连接,如字符串 1 是"BEI",字符串 2 是"JING",连接起来是"BEIJING"。

解:程序如下所示。

```
#include <stdio.h>
int main()
 {void concatenate(char string1[],char string2[],char string[]);
  char s1[100],s2[100],s[100];
  printf("input string1: ");
  scanf("%s",s1);
  printf("input string2: ");
  scanf("%s",s2);
  concatenate(s1,s2,s);
  printf("\nThe new string is %s\n",s);
  return 0;
  }

void concatenate(char string1[],char string2[],char string[])
 {int i,j;
  for (i=0;string1[i]!='\0';i++)
    string[i]=string1[i];
  for(j=0;string2[j]!='\0';j++)
    string[i+j]=string2[j];
  string[i+j]='\0';
 }
```

运行结果:

```
input string1: country↙
input string2: side↙

The new string is countryside
```

7.6 写一个函数,将一个字符串中的元音字母复制到另一字符串,然后输出。

解:程序如下所示。

```
#include <stdio.h>
int main()
 {void cpy(char [],char []);
```

```
  char str[80],c[80];
  printf("input string: ");
  gets(str);
  cpy(str,c);
  printf("The vowel letters are: %s\n",c);
  return 0;
 }

void cpy(char s[],char c[])
 { int i,j;
   for (i=0,j=0;s[i]!='\0';i++)
     if (s[i]=='a'||s[i]=='A'||s[i]=='e'||s[i]=='E'||s[i]=='i'||
     s[i]=='I'||s[i]=='o'||s[i]=='O'||s[i]=='u'||s[i]=='U')
       {c[j]=s[i];
        j++;
       }
     c[j]='\0';
 }
```

运行结果：

```
input string: abcdefghijklmn↙
The vowel letters are: aei
```

7.7 写一个函数，输入一个 4 位数字，要求输出这 4 个数字字符，但每两个数字间空一个空格，如输入 2008，应输出“2 0 0 8”。

解：程序如下所示。

```
#include <stdio.h>
#include <string.h>
int main()
 {char str[80];
  void insert(char []);
  printf("input four digits: ");
  scanf("%s",str);
  insert(str);
  return 0;
 }

void insert(char str[])
 {int i;
  for (i=strlen(str);i>0;i--)
   {str[2*i]=str[i];
```

```
    str[2*i-1]=' ';
   }
  printf("output: \n%s\n",str);
 }
```

运行结果：

```
input four digits: 2008↙
output:
2 0 0 8
```

7.8 编写一个函数，由实参传来一个字符串，统计此字符串中字母、数字、空格和其他字符的个数，在主函数中输入字符串以及输出上述的结果。

解：程序如下所示。

```
#include <stdio.h>
int letter,digit,space,others;
int main()
  {void count(char []);
   char text[80];
   printf("input string: \n");
   gets(text);
   printf("string: ");
   puts(text);
   letter=0;
   digit=0;
   space=0;
   others=0;
   count(text);
   printf ("\nletter: %d\ndigit: %d\nspace: %d\nothers: %d\n",letter,digit,
           space,others);
   return 0;
  }

 void count(char str[])
 {int i;
  for (i=0;str[i]!='\0';i++)
  if ((str[i]>='a'&& str[i]<='z')||(str[i]>='A' && str[i]<='Z'))
     letter++;
  else if (str[i]>='0' && str [i]<='9')
     digit++;
  else if (str[i]==32)
     space++;
```

```
    else
        others++;
 }
```

运行结果：

```
input string:
My address is # 123 Shanghai Road,Beijing,100045.↙
String:   My address is # 123 Shanghai Road,Beijing,100045.

Letter: 30
digit: 9
space: 6
others: 4
```

7.9 写一个函数，输入一行字符，将此字符串中最长的单词输出。

解：假设单词是全由字母组成的字符串，程序中设 longest 函数的作用是找最长单词的位置。此函数的返回值是该行字符中最长单词的起始位置。longest 函数的 N-S 图如图 7.1 所示。

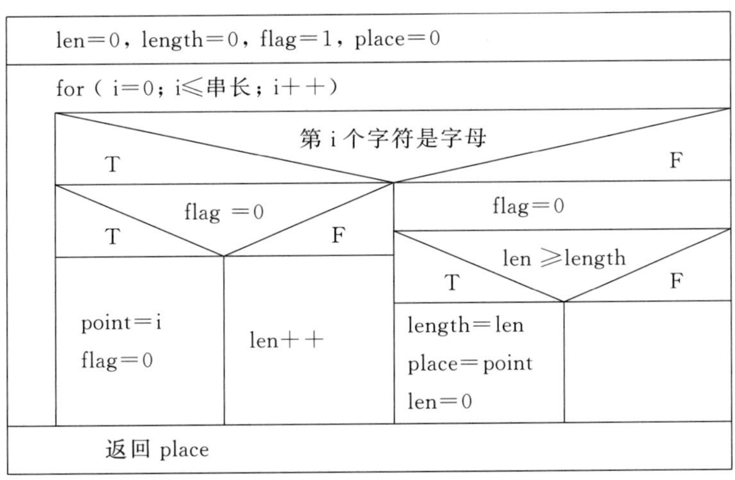

图 7.1

图 7.1 中用 flag 表示单词是否已开始，flag=0 表示未开始，flag=1 表示单词开始；len 代表当前单词已累计的字母个数；length 代表先前单词中最长单词的长度；point 代表当前单词的起始位置(用下标表示)；place 代表最长单词的起始位置。函数 alphabetic 的作用是判断当前字符是否是字母，若是则返回 1，否则返回 0。

相应的程序如下：

```
#include <stdio.h>
#include <string.h>
```

```
int main()
 {int alphabetic(char);
  int longest(char []);
  int i;
  char line[100];
  printf("input one line: \n");
  gets(line);
  printf("The longest word is: ");
  for (i=longest(line);alphabetic(line[i]);i++)
    printf("%c",line[i]);
  printf("\n");
  return 0;
 }

int alphabetic(char c)
 {if ((c>='a' && c<='z')||(c>='A'&&c<='z'))
   return(1);
  else
   return(0);
 }

int longest(char string[])
 {int len=0,i,length=0,flag=1,place=0,point;
  for (i=0;i<=strlen(string);i++)
    if (alphabetic(string[i]))
      if (flag)
       {point=i;
        flag=0;
       }
      else
        len++;
    else
      {flag=1;
       if (len>=length)
     {length=len;
      place=point;
      len=0;
     }
      }
  return(place);
```

```
}
```

运行结果：

```
input one line:
I am a student.↙
The longest word is: student
```

7.10 写一个函数，用“起泡法”对输入的10个字符按由小到大的顺序排列。

解：主函数的N-S图如图7.2所示，sort函数的作用是排序，其N-S图如图7.3所示。

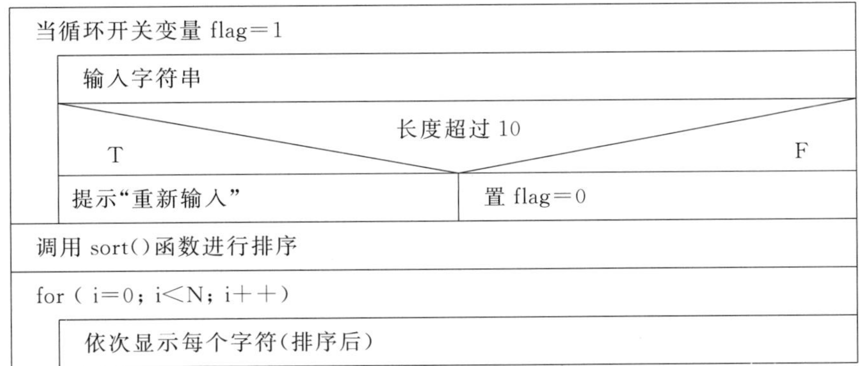

图 7.2

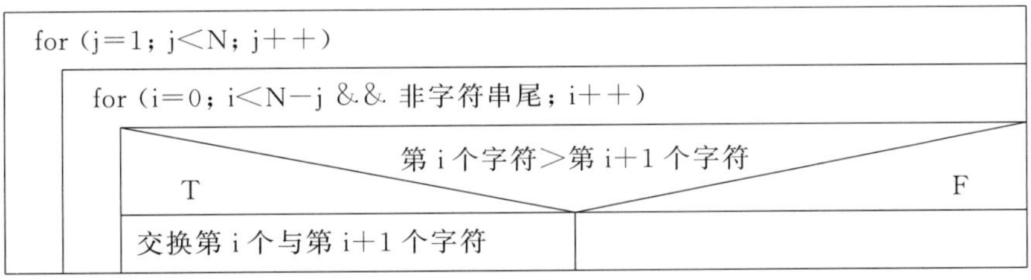

for (j=1; j<N; j++)

for (i=0; i<N-j && 非字符串尾; i++)

第 i 个字符>第 i+1 个字符

T　　F

交换第 i 个与第 i+1 个字符

图 7.3

相应的程序如下：

```
#include <stdio.h>
#include <string.h>
#define N 10
char str[N];
int main()
 {void sort(char []);
  int i,flag;
  for (flag=1;flag==1;)
   {printf("input string: \n");
    scanf("%s",&str);
    if (strlen(str)>N)
```

```
        printf("string too long,input again!");
      else
        flag=0;
     }
   sort(str);
   printf("string sorted: \n");
   for (i=0;i<N;i++)
    printf("%c",str[i]);
   printf("\n");
   return 0;
  }

void sort(char str[])
 {int i,j;
  char t;
  for(j=1;j<N;j++)
    for (i=0;(i<N-j)&&(str[i]!='\0');i++)
      if(str[i]>str[i+1])
        {t=str[i];
         str[i]=str[i+1];
         str[i+1]=t;
        }
 }
```

运行结果：

```
input string:
reputation↙
string sorted:
aeionprttu
```

7.11 输入 10 个学生 5 门课程的成绩，分别用函数实现下列功能：

(1) 计算每个学生平均分；

(2) 计算每门课程的平均分；

(3) 找出所有 50 个分数中最高的分数所对应的学生和课程。

解：主函数的 N-S 图如图 7.4 所示。

函数 input_stu 的执行结果是给全程变量学生成绩数组 score 各元素输入初值。

函数 aver_stu 的作用是计算每个学生的平均分，并将结果赋给全程变量数组 a_stu 中各元素。

函数 aver_cour 的作用是计算每门课程的平均成绩，计算结果存入全程变量数组 a_cour。

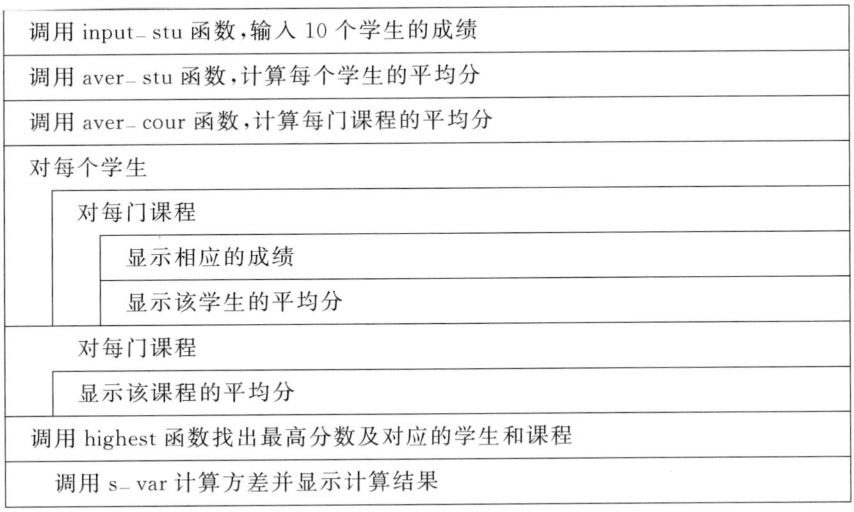

调用 input_stu 函数，输入 10 个学生的成绩
调用 aver_stu 函数，计算每个学生的平均分
调用 aver_cour 函数，计算每门课程的平均分
对每个学生
对每门课程
显示相应的成绩
显示该学生的平均分
对每门课程
显示该课程的平均分
调用 highest 函数找出最高分数及对应的学生和课程
调用 s_var 计算方差并显示计算结果

图 7.4

函数 highest 的返回值是最高分，r、c 是两个全局变量，分别代表最高分所在的行、列号。该函数的 N-S 图见图 7.5。

设 high 为 score[0][0]
对每个学生
对每门课程
成绩>high
T
F
high=score[i][j]
记下相应的 i,j 值
返回 high

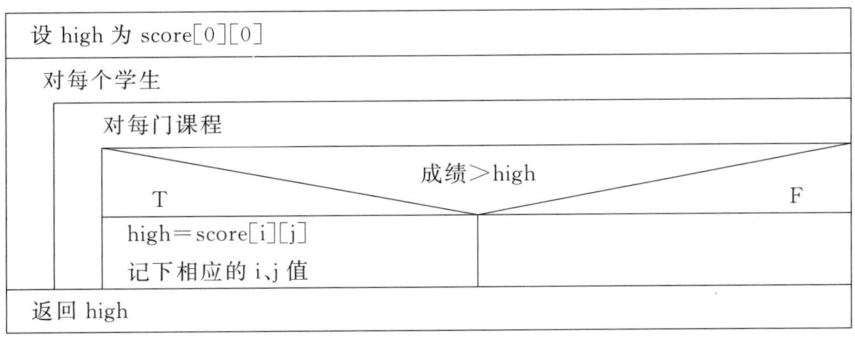

图 7.5

相应的程序如下：

```
#include <stdio.h>
#define N 10
#define M 5
float score[N][M];                       //全局数组
float a_stu[N],a_cour[M];                //全局数组
int r,c;                                 //全局变量


int main()
 { int i,j;
```

```
    float h;
    void input_stu(void);                //函数声明
    float highest();                     //函数声明
    void aver_stu(void);                 //函数声明
    void aver_cour(void);                //函数声明
    input_stu();                         //函数调用,输入 10 个学生成绩
    aver_stu();                          //函数调用,计算 10 个学生平均成绩
    aver_cour();                         //函数调用,计算 5 门课程的平均成绩
    printf("\n  NO.     cour1   cour2   cour3   cour4   cour5   aver\n");
    for(i=0;i<N;i++)
     {printf("\n NO %2d ",i+1);          //输出一个学生号
      for(j=0;j<M;j++)
        printf("%8.2f",score[i][j]);     //输出一个学生各门课程的成绩
      printf("%8.2f\n",a_stu[i]);        //输出一个学生的平均成绩
     }
    printf("\naverage: ");
    for (j=0;j<M;j++)                    //输出 5 门课程的平均成绩
      printf("%8.2f",a_cour[j]);
    printf("\n");
    h=highest();                         //调用函数,求最高分和它属于哪个学生、哪门课程
    printf("highest: %7.2f   NO. %2d   course %2d\n",h,r,c);
    return 0;                            //输出最高分和学生号、课程号
  }

void input_stu(void)                     //输入 10 个学生成绩的函数
 {int i,j;
  for (i=0;i<N;i++)
   {printf("\ninput score of student%2d: \n",i+1);    //学生号从 1 开始
    for (j=0;j<M;j++)
      scanf("%f",&score[i][j]);
   }
 }

void aver_stu(void)                      //计算 10 个学生平均成绩的函数
 {int i,j;
  float s;
  for (i=0;i<N;i++)
   {for (j=0,s=0;j<M;j++)
      s+=score[i][j];
    a_stu[i]=s/5.0;
   }
```

```
 }

void aver_cour(void)                    //计算 5 门课程平均成绩的函数
 {int i,j;
  float s;
  for (j=0;j<M;j++)
    {s=0;
     for (i=0;i<N;i++)
       s+=score[i][j];
     a_cour[j]=s/(float)N;
    }
 }

float highest()                         //求最高分和它属于哪个学生、哪门课程的函数
 {float high;
  int i,j;
  high=score[0][0];
  for (i=0;i<N;i++)
    for (j=0;j<M;j++)
      if (score[i][j]>high)
          {high=score[i][j];
           r=i+1;          //数组行号 i 从 0 开始,学生号 r 从 1 开始,故 r=i+1
           c=j+1;          //数组列号 j 从 0 开始,课程号 c 从 1 开始,故 c=j+1
          }
  return(high);
 }
```

运行情况如下:

```
input score of student 1:
87 88 92 67 78↙
input score of student 2:
88 86 87 98 90↙
input score of student 3:
76 75 65 65 78↙
input score of student 4:
67 87 60 90 67↙
input score of student 5:
77 78 85 64 56↙
input score of student 6:
76 89 94 65 76↙
input score of student 7:
```

```
78 75 64 67 77↙
input score of student 8:
77 76 56 87 85↙
input score of student 9:
84 67 78 76 89↙
input score of student10:
86 75 64 69 90↙

  NO.     cour1    cour2    cour3    cour4    cour5    aver
NO  1     87.00    88.00    92.00    67.00    78.00    82.40
NO  2     88.00    86.00    87.00    98.00    90.00    89.80
NO  3     76.00    75.00    65.00    65.00    78.00    71.80
NO  4     67.00    87.00    60.00    90.00    67.00    74.20
NO  5     77.00    78.00    85.00    64.00    56.00    72.00
NO  6     76.00    89.00    94.00    65.00    76.00    80.00
NO  7     78.00    75.00    64.00    67.00    77.00    72.20
NO  8     77.00    76.00    56.00    87.00    85.00    76.20
NO  9     84.00    67.00    78.00    76.00    89.00    78.80
NO 10     86.00    75.00    64.00    69.00    90.00    76.80

average:    79.60    79.60    74.50    74.80    78.60
highest:    98.00    NO.  2    course  4
```

7.12 写几个函数：

(1) 输入10个职工的姓名和职工号；

(2) 按职工号由小到大顺序排序，姓名顺序也随之调整；

(3) 要求输入一个职工号，用折半查找法找出该职工的姓名，从主函数输入要查找的职工号，输出该职工姓名。

解：input函数是完成10个职工的数据的录入。sort函数的作用是选择法排序，其流程类似于6.3题。

search函数的作用是用折半查找的方法找出指定职工号的职工姓名，其查找的算法参见6.6题。

相应的程序如下：

```
#include <stdio.h>
#include <string.h>
#define N 10
int main()
  {void input(int [],char name[][8]);
   void sort(int [],char name[][8]);
   void search(int,int [],char name[][8]);
```

```
    int num[N],number,flag=1,c;
    char name[N][8];
    input(num,name);
    sort(num,name);
    while (flag==1)
       {printf("\ninput number to look for: ");
        scanf("%d",&number);
        search(number,num,name);
        printf("continue ot not(Y/N)?");
        getchar();
        c=getchar();
        if (c=='N'||c=='n')
          flag=0;
       }
    return 0;
   }

void input(int num[],char name[N][8])            //输入数据的函数
  {int i;
   for (i=0;i<N;i++)
    {printf("input NO.: ");
     scanf("%d",&num[i]);
     printf("input name: ");
     getchar();
     gets(name[i]);
    }
  }

void sort(int num[],char name[N][8])             //排序的函数
 { int i,j,min,templ;
   char temp2[8];
   for (i=0;i<N-1;i++)
    {min=i;
     for (j=i;j<N;j++)
       if (num[min]>num[j])  min=j;
     templ=num[i];
     strcpy(temp2,name[i]);
     num[i]=num[min];
     strcpy (name[i],name[min]);
     num[min]=templ;
     strcpy(name[min],temp2);
```

```
    }
    printf("\n result: \n");
    for (i=0;i<N;i++)
       printf("\n %5d%10s",num[i],name[i]);
 }

void search(int n,int num[],char name[N][8])    //折半查找的函数
  {int top,bott,mid,loca,sign;
   top=0;
   bott=N-1;
   loca=0;
   sign=1;
   if ((n<num[0])||(n>num[N-1]))
     loca=-1;
   while((sign==1) && (top<=bott))
    {mid=(bott+top)/2;
     if (n==num[mid])
       {loca=mid;
        printf("NO. %d,his name is %s.\n",n,name[loca]);
        sign=-1;
       }
     else if (n<num[mid])
        bott=mid-1;
     else
        top=mid+1;
    }
   if (sign==1 || loca==-1)
      printf("%d not been found.\n",n);
  }
```

运行情况如下：

```
input NO. and name: 1003 Li↙
input NO. and name: 1001 Zhang↙
input NO. and name: 1027 Yang↙
input NO. and name: 1007 Qian↙
input NO. and name: 1008 Sun↙
input NO. and name: 1012 Jiang
input NO. and name: 1005 Zhao↙
input NO. and name: 1023 Shen↙
input NO. and name: 1002 Wang↙
input NO. and name: 1026 Han↙
```

```
result:
     1001     Zhang
     1002      Wang
     1003        Li
     1005      Zhao
     1007      Qian
     1008       Sun
     1012     Jiang
     1023      Shen
     1026       Han
     1027      Yang

input number to look for: 1003↙                    (要找序号为1003的职工的姓名)
NO. 3,his name is Li.
continue ot not(Y/N)?y↙                            (是否继续查找?,Y或y表示'是')
input number to look for: 1004↙
1004 not been found.
continue ot not(Y/N)?n↙                            (是否继续查找?,N或n表示'不是')
         (程序运行结束)
```

7.13 输入4个整数a、b、c、d,找出其中最大的数。用函数的递归调用来处理(这是本章例7.3的题目,例7.3程序用的是递推方法,今要求改用递归方法处理)。

解:在教材第7章例7.3的max_4函数中,先后3次嵌套调用max_2。这3次调用是平行的,先后进行的,调用完第1次才去调用第2次,调用完第2次才去调用第3次。用的是递推方法。

现在换一种思路:给定的max_2函数只能一次求出2个数中的大者。若想求4个数中的最大者,可以这样想:

(1) 如果能知道前3个数(即a、b、c)中的大者,问题就容易解决了,此时只需调用一次max_2函数就能得到4个数中的最大者。于是求4个数中的大者的难度就降低为求3个数中的大者的难度了。

(2) 但是,现在也不知道前3个数中的大者。如果能知道前2个数(即a、b)中的大者,只要调用一次max_2函数就能得到3个数中的大者了。于是求3个数中的大者的难度就降低为求2个数中的大者的难度了。

(3) 而要知道前2个数中的大者并不难,只需调用一次max_2函数即可。

可以表示如下。

① 4个数中的大者=max_2(前3个数中的大者,d)

max_2(前2个数中的大者,c)

② 由于前3个数中的大者=max_2(前2个数中的大者,c),因此将max_2(前2个数中的大者,c)代替①式中的“前3个数中的大者”,得到:

4个数中的大者=max_2(max_2(前2个数中的大者,c),d)

↓

max_2(a,b)

③ 由于前2个数中的大者=max_2(a,b),因此将max_2(a,b)代替②式中的“前2个数中的大者”,得到:

4个数中的大者=max_2(max_2(max_2(a,b),c),d)

根据此思路可以改写max_4函数,改写后的程序为:

```
#include <stdio.h>
int main()
 { int max_4(int a,int b,int c,int d);
   int a,b,c,d,max;
   printf("Please enter 4 interger numbers: ");
   scanf("%d %d %d %d",&a,&b,&c,&d);
   max=max_4(a,b,c,d);
   printf("max=%d \n",max);
   return 0;
 }

int max_4(int a,int b,int c,int d)
 {int max_2(int a,int b);
  int m;
  m=max_2(max_2(max_2(a,b),c),d);          //仔细分析此行
  return(m);
 }

int max_2(int a,int b)
 {
  return(a>b? a: b);
 }
```

运行情况如下:

```
23 567-2 43↙
max=567
```

仔细分析max_4函数中的下面的语句:

```
m=max_2(max_2(max_2(a,b),c),d);
```

它与例 7.3 的嵌套调用不同，是在执行第 1 次 max_2 函数的过程中又调用了一次 max_2 函数，在执行第 2 次 max_2 函数的过程中又第 3 次调用了 max_2 函数。即在执行一个函数的过程中又调用这个函数。这种调用就是递归调用。

int max_4 函数可以简化如下：

```
int max_4(int a,int b,int c,int d)
 {int max_2(int a,int b);
  return(max_2(max_2(max_2(a,b),c),d));
 }
```

用一个 return 语句完成的递归调用 max_2 函数和返回 max_4 函数值的功能。

7.14 用递归法将一个整数 n 转换成字符串。例如，输入整数 2008，应输出字符串“2008”。n 的位数不确定，可以是任意位数的整数。

解：主函数的 N-S 图如图 7.6 所示。

相应的程序如下：

```
#include <stdio.h>
int main()
 { void convert(int n);
   int number;
   printf("input an integer: ");
   scanf("%d",&number);
   printf("output: ");
   if (number<0)
     {putchar('-');putchar(' ');
         //先输出一个"-"号和空格
      number=-number;
     }
   convert(number);
   printf("\n");
   return 0;
 }

void convert(int n)              //递归函数
 { int i;
   if ((i=n/10)!=0)
     convert(i);
   putchar(n%10+'0');
   putchar(32);
 }
```

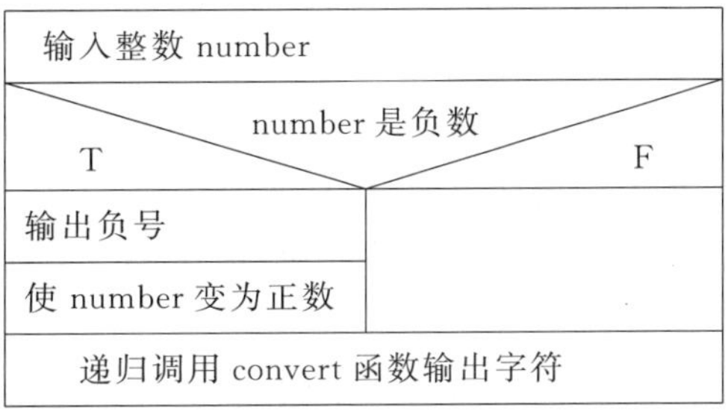

输入整数 number	
number 是负数（T / F）	
T：输出负号	F：
T：使 number 变为正数	
递归调用 convert 函数输出字符	

图 7.6

运行结果：

```
①input an integer: 2345678↙
output: 2 3 4 5 6 7 8
②input an integer: -345↙
output: -3 4 5
```

说明：如果是负数，要把它转换为正数，同时人为地输出一个“－”号。convert函数只处理正数。假如number的值是345，调用convert函数时把345传递给n。执行函数体，n/10的值(也是i的值)为34，不等于0。再调用convert函数，此时形参n的值为34。再执行函数体，n/10的值(也是i的值)为3，不等于0。再调用convert函数，此时形参n的值为3。再执行函数体，n/10的值(也是i的值)等于0。不再调用convert函数，而执行putchar(n%10+'0')，此时n的值是3，故n%10的值是3(%是求余运算符)，字符'0'的ASCII代码是48，3加4等于51，51是字符'3'的ASCII代码，因此putchar(n%10+'0')输出字符'3'。接着putchar(32)输出一个空格，以使两个字符之间用空格分隔。

然后，流程返回到上一次调用convert函数处，应该接着执行putchar(n%10+'0')，注意此时的n是上一次调用convert函数时的n，其值为34，因此n%10的值为4，再加'0'等于52，52是字符'4'的ASCII代码，因此putchar(n%10+'0')输出字符'4'，接着putchar(32)输出一个空格。

流程又返回到上一次调用convert函数处，应该接着执行putchar(n%10+'0')，注意此时的n是第一次调用convert函数时的n，其值为345，因此n%10的值为5，再加'0'等于53，53是字符'5'的ASCII代码，因此putchar(n%10+'0')输出字符'5'，接着putchar(32)输出一个空格。

至此，对convert函数的递归调用结束，返回主函数，输出一个换行，程序结束。

putchar(n%10+'0')也可以改写为putchar(n%10+48)，因为48是字符'0'的ASCII代码。

7.15 给出年、月、日，计算该日是该年的第几天。

解：主函数接收从键盘输入的日期，并调用sum_day和leap函数计算天数。其N-S图见图7.7。sum_day计算输入日期的天数，leap函数返回是否是闰年的信息。

相应的程序如下：

```
#include <stdio.h>
int main()
 {int sum_day(int month,int day);
  int leap(int year);
  int year,month,day,days;
  printf("input date(year,month,day): ");
  scanf("%d,%d,%d",&year,&month,&day);
  printf("%d/%d/%d ",year,month,day);
```

```
  days=sum_day(month,day);                    //调用函数 sum_day
  if(leap(year)&&month>=3)                    //调用函数 leap
    days=days+1;
  printf("is the %dth day in this year.\n",days);
  return 0;
 }

int sum_day(int month,int day)                //函数 sum_day: 计算日期
  {int day_tab[13]={0,31,28,31,30,31,30,31,31,30,31,30,31};
   int i;
   for (i=1;i<month;i++)
      day+=day_tab[i];                        //累加所在月之前天数
   return(day);
  }

int leap(int year)                            //函数 leap: 判断是否为闰年
 {int leap;
  leap=year%4==0&&year%100!=0||year%400==0;
  return(leap);
 }
```

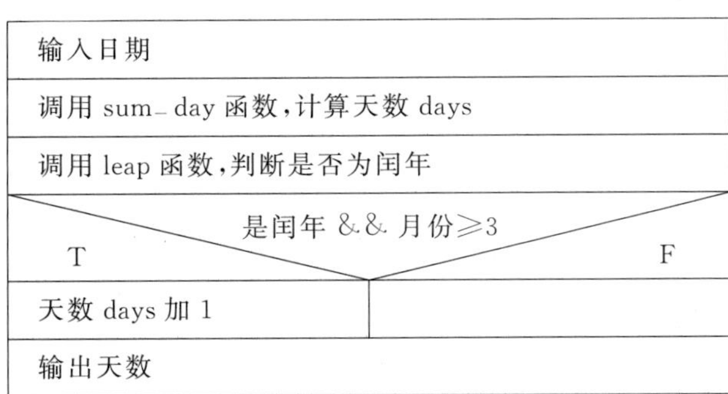
输入日期
调用 sum_day 函数,计算天数 days
调用 leap 函数,判断是否为闰年
是闰年 && 月份≥3
T
F
天数 days 加 1
输出天数

图 7.7

运行结果:

```
input date(year,month,day): 2008,8,8↙
2008/8/8 is the 221th day in this year.
```

第 8 章

善于使用指针

本章习题均要求用指针方法处理。

8.1 输入 3 个整数,按由小到大的顺序输出。

解:程序如下:

```
#include <stdio.h>
int main()
 { void swap(int *p1,int *p2);
  int n1,n2,n3;
  int *p1, *p2, *p3;
  printf("input three integer n1,n2,n3: ");
  scanf("%d,%d,%d",&n1,&n2,&n3);
  p1=&n1;
  p2=&n2;
  p3=&n3;
  if(n1>n2) swap(p1,p2);
  if(n1>n3) swap(p1,p3);
  if(n2>n3) swap(p2,p3);
  printf("Now,the order is: %d,%d,%d\n",n1,n2,n3);
  return 0;
 }

void swap(int *p1,int *p2)
  {int p;
   p=*p1; *p1=*p2; *p2=p;
  }
```

运行结果:

```
input three integer n1,n2,n3: 34,21,25↙
Now,the order is: 21,25,34
```

8.2 输入 3 个字符串,按由小到大的顺序输出。

解：程序如下：

```
#include <stdio.h>
#include <string.h>
int main()
 {void swap(char *,char *);
  char str1[40],str2[40],str3[40];
  printf("input three line: \n");
  gets(str1);
  gets(str2);
  gets(str3);
  if(strcmp(str1,str2)>0)   swap(str1,str2);
  if(strcmp(str1,str3)>0)   swap(str1,str3);
  if(strcmp(str2,str3)>0)   swap(str2,str3);
  printf("Now,the order is: \n");
  printf("%s\n%s\n%s\n",str1,str2,str3);
  return 0;
 }

void swap(char *p1,char *p2)
 {char p[40];
  strcpy(p,p1);strcpy(p1,p2);strcpy(p2,p);
 }
```

运行结果：

```
input three line:
I study very hard.↙
C language is very interesting.↙
He is a professfor.↙
Now,the order is:
I study very hard.
He is a professfor.
C language is very interesting.
```

8.3 输入10个整数，将其中最小的数与第一个数对换，把最大的数与最后一个数对换。写3个函数：

(1) 输入10个数；

(2) 进行处理；

(3) 输出10个数。

解：程序如下：

```
#include <stdio.h>
```

```
int main()
 { void input(int * );
   void max_min_value(int * );
   void output(int * );
   int number[10];
   input(number);                          //调用输入 10 个数的函数
   max_min_value(number);                  //调用交换函数
   output(number);                         //调用输出函数
   return 0;
 }

 void input(int * number)                  //输入 10 个数的函数
   {int i;
    printf("input 10 numbers: ");
    for (i=0;i<10;i++)
      scanf("%d",&number[i]);
    }

 void max_min_value(int * number)          //交换函数
   { int * max, * min, * p,temp;
     max=min=number;                       //使 max 和 min 都指向第一个数
     for (p=number+1;p<number+10;p++)
       if ( * p> * max) max=p; //若 p 指向的数大于 max 指向的数,就使 max 指向 p 指向的大数
       else if ( * p< * min) min=p;
                          //若 p 指向的数小于 min 指向的数,就使 min 指向 p 指向的小数
      temp=number[0];number[0]= * min; * min=temp;
                                           //将最小数与第一个数 number[0]交换
      if (max==number) max=min;
        //如果 max 和 number 相等,表示第 1 个数是最大数,则使 max 指向当前的最大数
      temp=number[9];number[9]= * max; * max=temp;
                                           //将最大数与最后一个数交换
    }

void output(int * number)                  //输出函数
  {int * p;
   printf("Now,they are:     ");
   for (p=number;p<number+10;p++)
      printf("%d ", * p);
   printf("\n");
   }
```

分析：关键在 max_min_value 函数，请认真分析此函数。形参 number 是指针，局部变量 max、min、p 都定义为指针变量，max 用来指向当前最大的数，min 用来指向当前最小的数。

number 是第一个数 number[0]的地址，开始时执行 max=min=number 的作用就是使 max 和 min 都指向第一个数 number[0]。以后使 p 先后指向 10 个数中的第 2 个数到第 10 个数。如果发现第 2 个数比第一个数 number[0]大，就使 max 指向这个大的数，而 min 仍指向第一个数。如果第 2 个数比第一个数 number[0]小，就使 min 指向这个小的数，而 max 仍指向第一个数。然后使 p 移动到指向第 3 个数，处理方法同前。直到 p 指向第 10 个数，并比较完毕为止。此时 max 指向 10 个数中的最大者，min 指向 10 个数中的最小者。假如原来 10 个数是：

```
32   24   56   78   1   98   36   44   29   6
```

在经过比较和对换后，max 和 min 的指向为：

```
32   24   56   78   1   98   36   44   29   6
                    ↑   ↑
                   min  max
```

此时，将最小数 1 与第一个数(即 number[0])32 交换，将最大数 98 与最后一个数 6 交换。因此应执行以下两行：

```
temp=number[0];number[0]= * min; * min=temp;   //将最小数与第一个数 number[0]交换
temp=number[9];number[9]= * max; * max=temp;   //将最大数与最后一个数交换
```

最后将已改变的数组输出。

运行结果：

```
input 10 numbers: 32 24 56 78 1 98 36 44 29 6↙
Now,they are:   1 24 56 78 32 6 36 44 29 98
```

但是，有一个特殊的情况应当考虑：如果原来 10 个数中第 1 个数 number[0]最大，如：

```
98   24   56   78   1   32   36   44   29   6
```

在经过比较和对换后，max 和 min 的指向为：

```
98   24   56   78   1    32   36   44   29   6
↑                   ↑
max                 min
```

在执行完上面第一行"temp=number[0];number[0]=* min; * min=temp;"后，最小数 1 与第 1 个数 number[0]对换，这个最大数就被调到后面去了(与最小的数对调)。

```
1    24   56   78   98   32   36   44   29   6
↑                   ↑
max                 min
```

请注意：数组元素的值改变了，但是 max 和 min 的指向未变，max 仍指向 number[0]。此时如果接着执行下一行：

```
temp=number[9];number[9]= * max; * max=temp;
```

就会出问题,因为此时 max 并不指向最大数,而指向的是第 1 个数,结果是将第 1 个数(最小的数已调到此处)与最后一个数 number[9]对调。结果就变成:

6　24　56　78　98　32　36　44　29　1

显然不对了。

为此,在以上两行中间加上一行:

```
if (max==number) max=min;
```

由于经过执行 "temp=number[0];number[0]=* min; * min=temp;"后,10 个数的排列为:

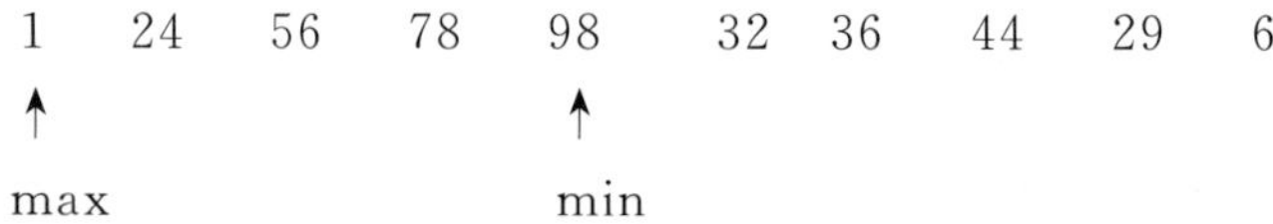

max 指向第一个数,if 语句判别出 max 和 number 相等(即 max 和 number 都指向 number[0]),而实际上 max 此时指向的已非最大数了,就执行"max=min",使 max 也指向 min 当前的指向。而 min 原来是指向最小数的,刚才与 number[0]交换,而 number[0]原来是最大数,所以现在 min 指向的是最大数。执行 max=min 后 max 也指向这个最大数。

1　24　56　78　98　32　36　44　29　6

↑

min,max

然后执行

```
temp=number[9];number[9]= * max; * max=temp;
```

这就没问题了,实现了把最大数与最后一个数交换。

运行结果:

```
input 10 numbers: 98 24 56 78 1 32 36 44 29 6↙
Now,they are:   1 24 56 78 32 6 36 44 29 98
```

读者可以将上面的"if (max==number) max=min;"删去,再运行程序,输入以上数据,分析一下结果。

也可以采用另一种方法:先找出 10 个数中的最小数,把它和第一个数交换,然后再重新找 10 个数中的最大数,把它和最后一个数交换。这样就可以避免出现以上的问题。重写 void max_min_value 函数如下:

```
void max_min_value(int * number)              //交换函数
 { int * max, * min, * p,temp;
   max=min=number;                            //开始时使 max 和 min 都指向第一个数
```

```
 for (p=number+1;p<number+10;p++)
    if ( * p< * min) min=p;      //若 p 指向的数小于 min 指向的数,就使 min 指向 p 指向的小数
 temp=number[0];number[0]= * min; * min=temp; //将最小数与第一个数 number[0]交换
 for (p=number+1;p<number+10;p++)
   if ( * p> * max) max=p;    //若 p 指向的数大于 max 指向的数,就使 max 指向 p 指向的大数
 temp=number[9];number[9]= * max; * max=temp;            //将最大数与最后一个数交换
}
```

这种思路容易理解。

这道题有些技巧,请读者仔细分析,学会分析程序运行时出现的各种情况,并善于根据情况予以妥善处理。

8.4 有 n 个整数,使前面各数顺序向后移 m 个位置,最后 m 个数变成最前面 m 个数,参见图 8.1。写一函数实现以上功能,在主函数中输入 n 个整数和输出调整后的 n 个数。

图 8.1

解：程序如下所示。

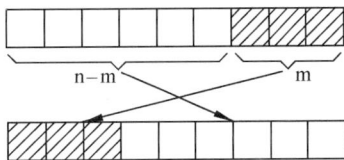

```
#include <stdio.h>
int main()
 {void move(int [20],int,int);
  int number[20],n,m,i;
  printf("How many numbers? ");                  //问共有多少个数
  scanf("%d",&n);
  printf("Input %d numbers: \n",n);
  for (i=0;i<n;i++)
    scanf("%d",&number[i]);                      //输入 n 个数
  printf("How many place you want move? ");      //问后移多少个位置
  scanf("%d",&m);
  move(number,n,m);                              //调用 move 函数
  printf("Now,they are: \n");
  for (i=0;i<n;i++)
    printf("%d  ",number[i]);
  printf("\n");
  return 0;
 }

void move(int array[20],int n,int m)             //实现循环后移一次的函数
 {int * p,array_end;
  array_end= * (array+n-1);
  for (p=array+n-1;p>array;p--)
    * p= * (p-1);
   * array=array_end;
  m--;
  if (m>0) move(array,n,m);              //递归调用,当循环次数 m 减至为 0 时,停止调用
```

```
}
```

运行结果:

```
How many numbers? 8↙
Input 8 numbers:
12 43 65 67 8 2 7 11↙
How many place you want move? 4↙
Now, they are:
8   2   7   11   12   43   65   67
```

8.5 有n个人围成一圈,顺序排号。从第1个人开始报数(从1到3报数),凡报到3的人退出圈子,问最后留下的是原来第几号的那位。

解:N-S图如图8.2所示。

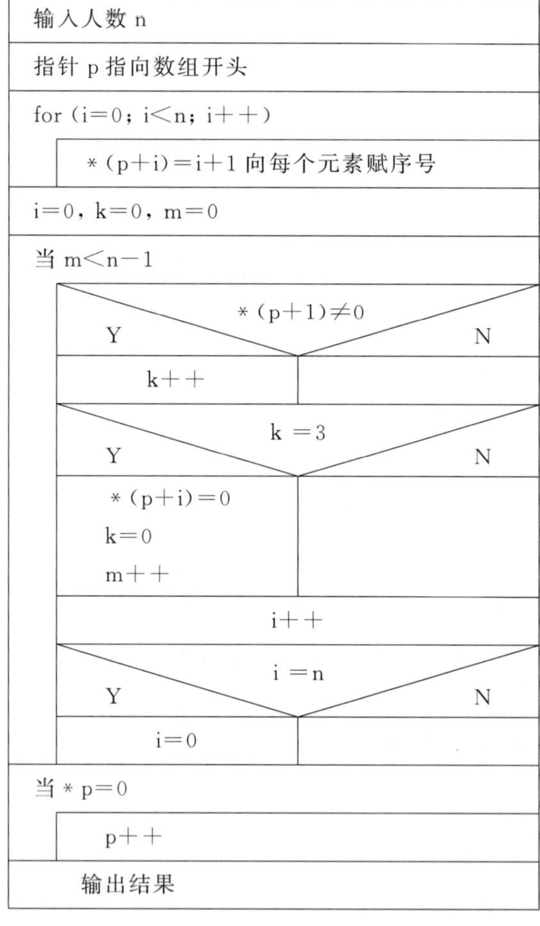

输入人数 n
指针 p 指向数组开头
for (i=0; i<n; i++)
*(p+i)=i+1 向每个元素赋序号
i=0, k=0, m=0
当 m<n-1
*(p+1)≠0
Y
N
k++
k =3
Y
N
*(p+i)=0
k=0
m++
i++
i =n
Y
N
i=0
当 *p=0
p++
输出结果

图 8.2

相应的程序如下：

```
#include <stdio.h>
int main()
 {int i,k,m,n,num[50], * p;
  printf("\ninput number of person: n=");
  scanf("%d",&n);
  p=num;
  for (i=0;i<n;i++)
     * (p+i)=i+1;                       //以 1 至 n 为序给每个人编号
  i=0;                                  //i 为每次循环时计数变量
  k=0;                                  //k 为按 1、2、3 报数时的计数变量
  m=0;                                  //m 为退出人数
  while (m<n-1)                 //当退出人数比 n-1 少时(即未退出人数大于 1 时)执行循环体
   {if ( * (p+i)!=0)   k++;
    if (k==3)
      { * (p+i)=0;                      //对退出的人的编号置为 0
       k=0;
       m++;
      }
    i++;
    if (i==n) i=0;                      //报数到尾后,i 恢复为 0
   }
  while( * p==0) p++;
  printf("The last one is NO.%d\n", * p);
  return 0;
 }
```

运行结果：

```
input number of person:   n=8↙
The last one is No.7 (最后留在圈子内的是 7 号)
```

8.6 写一函数，求一个字符串的长度。在 main 函数中输入字符串，并输出其长度。

解：程序如下所示。

```
#include <stdio.h>
int main()
 {int length(char * p);
 int len;
 char str[20];
 printf("input string:   ");
 scanf("%s",str);
```

```
 len=length(str);
 printf("The length of string is %d.\n",len);
 return 0;
 }

int length(char *p)                      //求字符串长度函数
 {int n;
  n=0;
  while (*p!='\0')
   {n++;
    p++;
   }
  return(n);
 }
```

运行结果：

```
input string: China↙
The length of string is 5.
```

8.7 有一字符串 a,内容为"My name is Li jilin",另有一字符串 b,内容为"Mr. Zhang Haoling is very happy"。写一函数,将字符串 b 中从第 5 个到第 17 个字符(即"Zhang Haoling")复制到字符串 a 中,取代字符串 a 中第 12 个字符以后的字符(即"Li jilin")。输出新的字符串 a。

解：程序如下所示。

```
#include <stdio.h>
#include <string.h>
int main()
 {void copystr(char *,char *);
  char stra[40]="My name is Li jilin.",strb[40]="Mr. Zhang Haoqiang is very happy.";
  copystr(stra,strb);
  printf("The new string a is: %s\n",stra);
  return 0;
 }

void copystr(char *p1,char *p2)
 {int m=11,n1=4,n2=16;
  p1=p1+m;                               //使 p1 移动 11 个字符
  p2=p2+n1;                              //使 p2 移动 11 个字符
  while (n1<=n2)                         //从第 5 个字符开始复制,到第 12 个字符为止
    {*p1=*p2;                            //把 p2 指向的字符复制到 p1 所指向的位置
```

```
    p1++;                          //p1后移一个字符
    p2++;                          //p2后移一个字符
    n1++;                          //n1加1,表示下一个字符的位置
   }
  * p1='\0';
 }
```

运行结果：

```
The new string a is: My name is Zhang Haoqiang
```

说明：copystr 函数的作用是将字符串 b 中的部分字符复制到字符串 a 中。问题的关键是确定复制的起始点和终止点，题目要求把 b 串的第 5 个字符到第 17 个字符复制取代 a 串的第 12 个字符以后的字符。程序中设整型变量 m，标志 a 串的复制起点，n1 标志 b 串的复制起点，n2 标志 b 串的复制终点。开始时使 p1 指向 a 串中第 12 个字符（本来 p1 指向 a 串的第 1 个字符，加 11 后，就指向 a 串的第 12 个字符），p2 指向 b 串中第 5 个字符。然后把 p2 指向的字符复制到 p1 所指向的位置，即把字符'Z'复制到 a 串的第 12 个字符位置，取代了原来的'L'。然后 p1 和 p2 都后移一个字符，即 p1 指向第 13 个字符，p2 指向 b 串中第 6 个字符，把 p2 指向的字符'h'复制到 p1 所指向的位置，取代了原来的'i'。以后依此类推。在每复制完一个字符之后，使 n1 的值加 1，当 n1 的值变化到 17 时，表示已将第 17 个字符复制完了，结束复制工作。

在向 a 串复制完"Zhang Haoqiang"后，应当在最后加一个'\0'，表示字符串到此结束。

8.8 输入一行文字，找出其中大写字母、小写字母、空格、数字以及其他字符各有多少？

解：程序如下所示。

```
#include <stdio.h>
int main()
 {int upper=0,lower=0,digit=0,space=0,other=0,i=0;
 char * p,s[20];
 printf("input string:   ");
 while ((s[i]=getchar())!='\n') i++;
 p=&s[0];
 while (* p!='\n')
   {if (('A'<= * p) && (* p<='Z'))
      ++upper;
    else if (('a'<= * p) && (* p<='z'))
      ++lower;
    else if (* p==' ')
      ++space;
    else if ((* p<='9') && (* p>='0'))
      ++digit;
```

```
    else
      ++other;
    p++;
   }
 printf("upper case: %d     lower case: %d",upper,lower);
 printf("     space: %d     digit: %d      other: %d\n",space,digit,other);
 return 0;
 }
```

运行结果：

```
input string: Today is 2018/8/8↙
upper case: 1   lower case: 6     space: 2     digit: 6     other: 2
```

8.9 在主函数中输入10个等长的字符串。用另一函数对它们排序。然后在主函数输出这10个已排好序的字符串。

解：程序如下所示。

(1) 用字符型二维数组。

```
#include <stdio.h>
#include <string.h>
int main()
  {void sort(char s[][6]);
   int i;
   char str[10][6];                    //str是指向由6个元素组成的一维数组的指针
   printf("input 10 strings: \n");
   for (i=0;i<10;i++)
   scanf("%s",str[i]);
   sort(str);
   printf("Now,the sequence is: \n");
   for (i=0;i<10;i++)
     printf("%s\n",str[i]);
   return 0;
  }

void sort(char s[10][6])               //形参s是指向由6个元素组成的一维数组的指针
  {int i,j;
   char *p,temp[10];
   p=temp;
   for (i=0;i<9;i++)
     for (j=0;j<9-i;j++)
       if (strcmp(s[j],s[j+1])>0)
```

```
        //以下 3 行是将 s[j]指向的一维数组的内容与 s[j+1]指向的一维数组的内容互换
          {strcpy(p,s[j]);
           strcpy(s[j],s[+j+1]);
           strcpy(s[j+1],p);
          }
  }
```

运行结果：

```
input 10 strings:
China↙
Japan↙
Korea↙
Egypt↙
Nepal↙
Burma↙
Ghana↙
Sudan↙
Italy↙
Libya↙
Now,the sequence is:
Burma
China
Egypt
Ghana
Italy
Japan
Korea
Libya
Nepal
Sudan
```

(2) 用指向一维数组的指针作函数参数。

```
#include <stdio.h>
#include <string.h>
int main()
  {void sort(char (*p)[6]);
   int i;
   char str[10][6];
   char (*p)[6];
   printf("input 10 strings: \n");
   for (i=0;i<10;i++)
```

```
    scanf("%s",str[i]);
  p=str;
  sort(p);
  printf("Now,the sequence is: \n");
  for (i=0;i<10;i++)
    printf("%s\n",str[i]);
  return 0;
 }

void sort(char (*s)[6])
 {int i,j;
  char temp[6],*t=temp;
  for (i=0;i<9;i++)
    for (j=0;j<9-i;j++)
      if (strcmp(s[j],s[j+1])>0)
       {strcpy(t,s[j]);
        strcpy(s[j],s[+j+1]);
        strcpy(s[j+1],t);
       }
 }
```

8.10 将 n 个数按输入时顺序的逆序排列,用函数实现。

解:程序如下所示。

```
#include <stdio.h>
int main()
 {void sort (char *p,int m);
  int i,n;
  char *p,num[20];
  printf("input n: ");
  scanf("%d",&n);
  printf("please input these numbers: \n");
  for (i=0;i<n;i++)
  scanf("%d",&num[i]);
  p=&num[0];
  sort(p,n);
  printf("Now,the sequence is: \n");
  for (i=0;i<n;i++)
    printf("%d ",num[i]);
  printf("\n");
  reurn 0;
 }
```

```
void sort (char * p,int m)                    //将 n 个数逆序排列函数
  {int i;
   char temp, * p1, * p2;
   for (i=0;i<m/2;i++)
    {p1=p+i;
     p2=p+(m-1-i);
     temp= * p1;
     * p1= * p2;
     * p2=temp;
    }
}
```

运行结果：

```
input n: 10↙
please input these numbers:
10 9 8 7 6 5 4 3 2 1↙
Now,the sequence is:
1 2 3 4 5 6 7 8 9 10
```

8.11 向数组 a 输入 n 个整数，编一个函数 inv，使这些数按相反顺序存放，用指针变量作为调用该函数时的实参。

解：教材第 8 章例 8.8 曾处理过同样的问题，现在题目要求用实参指针变量作为函数的实参，可以对例 8.8 程序做一些改写。

```
#include <stdio.h>
int main()
  {void inv(int * x,int n);                    //函数声明
   int i,arr[10], * p=arr;
   printf("The original array: \n");
   for(i=0;i<10;i++,p++)                       //输入 10 个数
     scanf("%d",p);
   printf("\n");
   p=arr;                                      //使 p 指向 arr[0]
   inv(p,10);                                  //调用函数 inv,实参为指针变量
   printf("The array has been inverted: \n");
   for(p=arr;p<arr+10;p++)                     //输出已变更了的数组
     printf("%d ", * p);
   printf("\n");
   return 0;
  }
```

```
void inv(int * x,int n)
   {int *p,m,temp, * i, * j;
    m=(n-1)/2;
    i=x;j=x+n-1;p=x+m;
    for(;i<=p;i++,j--)
      {temp= * i; * i= * j; * j=temp;}
    return;
   }
```

运行结果：

```
The original array:
11 13 15 17 19 21 23 25 27 29
The array has been inverted:
29 27 25 23 21 19 17 15 13 11
```

注意，上面的 main 函数中的指针变量 p 是有确定值的(指向 arr[0])。如果在 main 函数中不设数组，只设指针变量，就会出错，假如把主函数修改如下：

```
int main()
 {void inv(int * x,int n);
  int i, * arr;
  printf("The original array: \n");
  for(i=0;i<10;i++)
    scanf("%d",arr+i);
  printf("\n");
 inv(arr,10);                    //实参为指针变量,但未赋值
  printf("The array has been inverted: \n");
  for(p=arr;i<10;i++)
    printf("%d ", * (arr+i));
  printf("\n");
  return 0;
 }
```

编译时出错，原因是指针变量 arr 没有确定值，谈不上指向哪个变量。

8.12 输入一个字符串，内有数字和非数字字符，例如：

a123x456 17960? 302tab5876

将其中连续的数字作为一个整数，依次存放到一数组 a 中。例如，123 放在 a[0]，456 放在 a[1]……统计共有多少个整数，并输出这些数。

解：程序如下所示。

```
#include <stdio.h>
int main()
```

```
{ char str[50], * pstr;
 int i,j,k,m,e10,digit,ndigit,a[10], * pa;
 printf("input a string: \n");
 gets(str);
 pstr=&str[0];                 //字符指针 pstr 置于数组 str 首地址
 pa=&a[0];                     //指针 pa 置于 a 数组首地址
 ndigit=0;                     //ndigit 代表有多少个整数
 i=0;                          //代表字符串中的第几个字符
 j=0;
 while( * (pstr+i)!='\0')
    {if(( * (pstr+i)>='0') && ( * (pstr+i)<='9'))
       j++;
     else
       {if (j>0)
        {digit= * (pstr+i-1)-48;  //将个数位赋予 digit
         k=1;
         while (k<j)           //将含有两位以上数的其他位的数值累计于 digit
           {e10=1;
            for (m=1;m<=k;m++)
            e10=e10 * 10;      //e10 代表该位数所应乘的因子
            digit=digit+( * (pstr+i-1-k)-48) * e10;
                               //将该位数的数值累加于 digit
            k++;               //位数 K 自增
           }
         * pa=digit;           //将数值赋予数组 a
         ndigit++;
         pa++;                 //指针 pa 指向 a 数组下一元素
         j=0;
        }
       }
     i++;
    }
  if (j>0)                     //以数字结尾字符串的最后一个数据
   {digit= * (pstr+i-1)-48;    //将个数位赋予 digit
    k=1;
    while (k<j)                //将含有两位以上数的其他位的数值累加于 digit
     {e10=1;
      for (m=1;m<=k;m++)
        e10=e10 * 10;          //e10 代表位数所应乘的因子
      digit=digit+( * (pstr+i-1-k)-48) * e10;     //将该位数的数值累加于 digit
      k++;                     //位数 K 自增
```

```
      }
      * pa=digit;                          //将数值赋予数组 a
      ndigit++;
      j=0;
    }
    printf("There are %d numbers in this line,they are: \n",ndigit);
    j=0;
    pa=&a[0];
    for (j=0;j<ndigit;j++)                 //打印数据
      printf("%d ", * (pa+j));
    printf("\n");
    return 0;
  }
```

运行情况:

```
input a string:
a123x456 7689+89=321/ab23↙
There are 6 numbers in this line. They are:
123 456 7689 89 321 23
```

8.13 写一函数,将一个3×3的整型二维数组转置,即行列互换。

解:程序如下所示。

```
#include <stdio.h>
int main()
  { void move(int * pointer);
    int a[3][3], * p,i;
    printf("input matrix: \n");
    for (i=0;i<3;i++)
      scanf("%d %d %d",&a[i][0],&a[i][1],&a[i][2]);
    p=&a[0][0];
    move(p);
    printf("Now,matrix: \n");
    for (i=0;i<3;i++)
      printf("%d %d %d\n",a[i][0],a[i][1],a[i][2]);
      return 0;
  }

 void move(int * pointer)
  {int i,j,t;
   for (i=0;i<3;i++)
     for (j=i;j<3;j++)
```

```
        {t=*(pointer+3*i+j);
         *(pointer+3*i+j)=*(pointer+3*j+i);
         *(pointer+3*j+i)=t;
        }
   }
```

运行结果：

```
input matrix:
1 2 3↙
4 5 6↙
7 8 9↙
Now,matrix:
1 4 7
2 5 8
3 6 9
```

说明：a 是二维数组，p 和形参 pointer 是指向整型数据的指针变量，p 指向数组 0 行 0 列元素 a[0][0]。在调用 move 函数时，将实参 p 的值 &a[0][0]传递给形参 pointer，在 move 函数中将 a[i][j]与 a[j][i]的值互换。由于 a 数组的大小是 3×3，而数组元素是按行排列的，因此 a[i][j]在 a 数组中是第(3×i+j)个元素，例如，a[2][1]是数组中第(3×2+1)个元素，即第 7 个元素(序号从 0 算起)。a[i][j]的地址是(pointer+3 * i+j)，同理，a[j][i]的地址是(pointer+3 * j+i)。将 *(pointer+3 * i+j)和 *(pointer+3 * j+i) 互换，就是将 a[i][j]和 a[j][i]互换。

第 9 章

使用结构体类型处理组合数据——用户自定义数据类型

9.1 定义一个结构体变量(包括年、月、日),计算该日在本年中是第几天?注意闰年问题。

解:解题思路是,正常年份每个月中的天数是已知的,只要给出日期,算出该日在本年中是第几天是不困难的。如果是闰年且月份在3月或3月以后,应再增加一天。闰年的规则是:年份能被4和400整除但不能被100整除,如2000、2004、2008年是闰年,2100、2005年不是闰年。

解法一:

```
#include <stdio.h>
struct
  { int year;
    int month;
    int day;
  }date;                //结构体变量date中的成员对应于输入的年、月、日

int main()
 {int days;             //days为天数
  printf("input year,month,day: ");
  scanf("%d,%d,%d",&date. year,&date.month,&date.day);
  switch(date.month)
  { case 1: days=date.day;    break;
    case 2: days=date.day+31; break;
    case 3: days=date.day+59; break;
    case 4: days=date.day+90; break;
    case 5: days=date.day+120; break;
    case 6: days=date.day+151; break;
    case 7: days=date.day+181; break;
    case 8: days=date.day+212; break;
    case 9: days=date.day+243; break;
```

```
    case 10: days=date.day+273; break;
    case 11: days=date.day+304; break;
    case 12: days=date.day+334; break;
 }
 if ((date.year %4==0 && date.year %100 !=0
      ||date.year %400==0) && date.month>=3)  days+=1;
 printf("%d/%d is the %dth day in %d.\n",date.month,date.day,days,date.year);
 return 0;
}
```

运行情况如下：

```
input year,month,day: 2015,10,1↙
10/1 is the 274th day in 2015.
```

解法二：

```
#include <stdio.h>
struct
   { int year;
     int month;
     int day;
   }date;

int main()
 {int i,days;
  int day_tab[13]={0,31,28,31,30,31,30,31,31,30,31,30,31};
  printf("input year,month,day: ");
  scanf("%d,%d,%d",&date. year,&date.month,&date.day);
  days=0;
  for(i=1;i<date.month;i++)
     days=days+day_tab[i];
  days=days+date.day;
  if((date.year%4==0 && date.year%100!=0||date.year%400==0) && date.month>=3)
    days=days+1;
  printf("%d/%d is the %dth day in %d.\n",date.month,date.day,days,date.year);
  return 0;
}
```

运行情况如下：

```
input year,month,day:   2016,10,1↙
10/1 is the 275th day in 2016.
```

9.2 写一个函数 days,实现习题 9.1 的计算。由主函数将年、月、日传递给 days 函数,计算后将日子数传回主函数输出。

解:函数 days 的程序结构与习题 9.1 基本相同。

解法一:

```
#include <stdio.h>
struct y_m_d
   { int year;
     int month;
     int day;
   }date;

int main()
  { int days(struct y_m_d date1);
    printf("input year,month,day: ");
    scanf("%d,%d,%d",&date.year,&date.month,&date.day);
    printf("%d/%d is the %dth day in %d.\n",date.month,date.day,days(date),date.
            year);
    return 0;
  }

int days(struct y_m_d date1)        //形参 date1 为 struct y_m_d 类型
 {int sum;
  switch(date1.month)
   {case 1: sum=date1.day;     break;
    case 2: sum=date1.day+31;  break;
    case 3: sum=date1.day+59;  break;
    case 4: sum=date1.day+90;  break;
    case 5: sum=date1.day+120; break;
    case 6: sum=date1.day+151; break;
    case 7: sum=date1.day+181; break;
    case 8: sum=date1.day+212; break;
    case 9: sum=date1.day+243; break;
    case 10: sum=date1.day+273; break;
    case 11: sum=date1.day+304; break;
    case 12: sum=date1.day+334; break;
   }
 if ((date1.year %4==0 && date1.year %100!=0
        || date1.year %400==0) && date1.month>=3) sum+=1;
 return(sum);
}
```

运行情况如下:

```
input year,month,day: 2016,8,15↙
8/15 is the 228th day in 2016.
```

在本程序中，days 函数的参数为结构体 struct y_m_d 类型，在主函数第二个 printf 语句的输出项中有一项为 days(date)，调用 days 函数，实参为结构体变量 date。通过虚实结合，将实参 date 中各成员的值传递给形参 date1 中各相应成员。在 days 函数中检验其中 month 的值，根据它的值计算出天数 sum，将 sum 的值返回主函数输出。

解法二：

```
#include <stdio.h>
struct y_m_d
    {int year;
     int month;
     int day;
    } date;
int main()
 { int days(int year,int month,int day);
   int days(int,int,int);
   int day_sum;
   printf("input year,month,day: ");
   scanf("%d,%d,%d",&date. year,&date.month,&date.day);
   day_sum=days(date.year,date.month,date.day);
   printf("%d / %d is the %dth day in %d.\n",date.month,date.day,day_sum,date.
            year);
   return 0;
 }

int days(int year,int month,int day)
 {int day_sum,i;
  int day_tab[13]={0,31,28,31,30,31,30,31,31,30,31,30,31};
  day_sum=0;
  for (i=1;i<month;i++)
       day_sum+=day_tab[i];
  day_sum+=day;
  if ((year%4==0 && year%100!=0 || year%4==0) && month>=3)
      day_sum+=1;
  return(day_sum);
 }
```

运行情况如下：

```
input year,month,day: 2017,5,1↙
```

```
5/1 is the 121th day in 2017.
```

在本程序中,days 函数的参数为结构体变量的成员 year、month、day,而不是整个结构体变量。

可以看到,在定义了结构体变量后,在使用时有不同的方法。

9.3 编写一个函数 print,打印一个学生的成绩数组,该数组中有 5 个学生的数据记录,每个记录包括 num、name、score[3],用主函数输入这些记录,用 print 函数输出这些记录。

解:程序如下所示。

```
#include <stdio.h>
#define N 5

struct student
 { char num[6];
   char name[8];
   int score[4];
 }stu[N];

int main()
 {void print(struct student stu[6]);
 int i,j;
 for (i=0;i<N;i++)
 {printf("\ninput score of student %d: \n",i+1);
   printf("NO.: ");
   scanf("%s",stu[i].num);
   printf("name: ");
   scanf("%s",stu[i].name);
   for (j=0;j<3;j++)
     {printf("score %d: ",j+1);
      scanf("%d",&stu[i].score[j]);
     }
   printf("\n");
 }
 print(stu);
 return 0;
 }

void print(struct student stu[6])
 {int i,j;
  printf("\n   NO.      name     score1    score2    score3\n");
  for (i=0;i<N;i++)
   {printf("%5s%10s",stu[i].num,stu[i].name);
    for (j=0;j<3;j++)
```

```
      printf("%9d",stu[i].score[j]);
    printf("\n");
   }
 }
```

运行情况如下：

```
input score of student 1:
No.: 101↙
name: Li↙
score 1: 90↙
score 2: 79↙
score 3: 89↙

input score of student 2:
No.: 102↙
name: Ma↙
score 1: 97↙
score 2: 90↙
score 3: 68↙

input score of student 3:
No.: 103↙
name: Wang↙
score 1: 77↙
score 2: 70↙
score 3: 78↙

input score of student 4:
No.: 104↙
name: Fun↙
score 1: 67↙
score 2: 89↙
score 3: 56

input score of student 5:
No.: 105↙
name: Xue↙
score 1: 87↙
score 2: 65↙
score 3: 69↙

 No.     name    score1     score2     score3
101        Li     90          79         89
```

```
102        Ma      97          90          68
103      Wang      77          70          78
104       Fun      67          89          56
105       Xue      87          65          69
```

9.4 在习题 9.3 的基础上，编写一个函数 input，用来输入 5 个学生的数据记录。

解：input 函数的程序结构类似于习题 9.3 中主函数的相应部分。

写出 input 函数如下：

```
struct student
 {char num[6];
  char name[8];
  int score[4];
 } stu[N];

void input(struct student stu[])
{int i,j;
 for (i=0;i<N;i++)
  {printf("input scores of student %d: \n",i+1);
   printf("NO.: ");
   scanf("%s",stu[i].num);
   printf("name:    ");
       scanf("%s",stu[i].name);
   for (j=0;j<3;j++)
    {printf("score %d: ",j+1);
     scanf("%d",&stu[i].score[j]);
    }
  printf("\n");
  }
 }
```

写一个 main 函数，调用 input 函数以及习题 9.3 中提供的 print 函数，就可以完成对学生数据的输入和输出。

整个程序如下：

```
#include <stdio.h>
#define N 5

struct student
 {char num[6];
  char name[8];
  int score[4];
 } stu[N];
```

```
int main()
 {void input(struct student stu[]);
  void print(struct student stu[]);
  input(stu);
  print(stu);
  return 0;
 }

void input(struct student stu[])
 {int i,j;
  for (i=0;i<N;i++)
   {printf("input scores of student %d: \n",i+1);
    printf("NO.: ");
   scanf("%s",stu[i].num);
   printf("name:    ");
       scanf("%s",stu[i].name);
   for (j=0;j<3;j++)
     {printf("score %d: ",j+1);
      scanf("%d",&stu[i].score[j]);
   }
   printf("\n");
   }
  }
void print(struct student stu[6])
 {int i,j;
  printf("\n    NO.       name      score1     score2     score3\n");
  for (i=0;i<N;i++)
   {printf("%5s%10s",stu[i].num,stu[i].name);
    for (j=0;j<3;j++)
      printf("%9d",stu[i].score[j]);
    printf("\n");
   }
 }
```

运行情况与习题 9.3 相同。

9.5 有 10 个学生，每个学生的数据包括学号、姓名、3 门课程的成绩，从键盘输入 10 个学生数据，要求输出 3 门课程的总平均成绩，以及最高分的学生的数据(包括学号、姓名、3 门课程的成绩、平均分数)。

解：N-S 图见图 9.1。

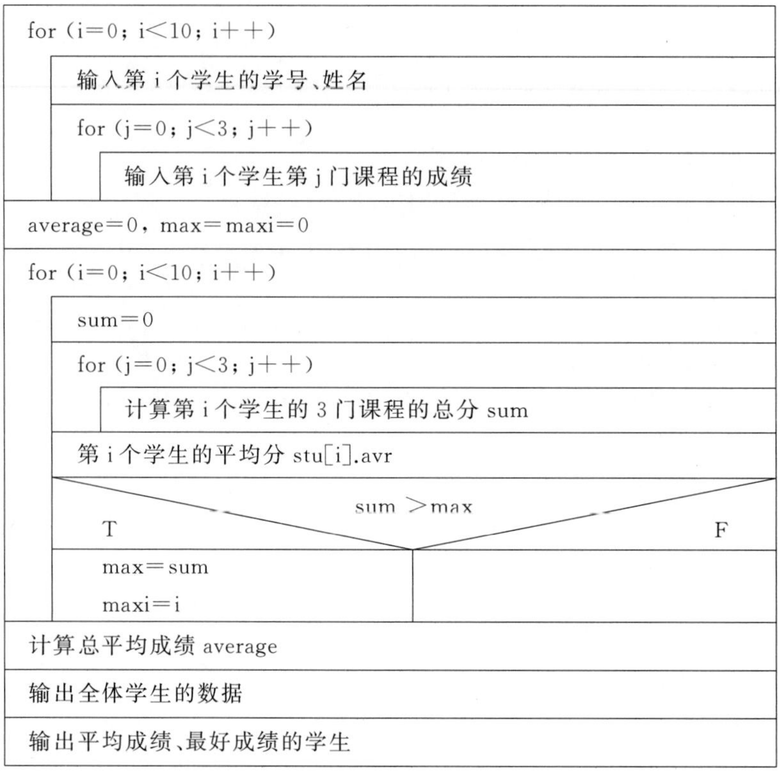

for (i=0; i<10; i++)

输入第 i 个学生的学号、姓名

for (j=0; j<3; j++)

输入第 i 个学生第 j 门课程的成绩

average=0, max=maxi=0

for (i=0; i<10; i++)

sum=0

for (j=0; j<3; j++)

计算第 i 个学生的 3 门课程的总分 sum

第 i 个学生的平均分 stu[i].avr

sum >max

T

F

max=sum

maxi=i

计算总平均成绩 average

输出全体学生的数据

输出平均成绩、最好成绩的学生

图 9.1

相应的程序如下:

```
#include <stdio.h>
#define N 10
struct student
 { char num[6];
   char name[8];
   float score[3];
   float avr;
 } stu[N];

int main()
 { int i,j,maxi;
   float sum,max,average;

         //输入数据
   for (i=0;i<N;i++)
     {printf("input scores of student %d: \n",i+1);
      printf("NO.: ");
```

```
    scanf("%s",stu[i].num);
    printf("name: ");
    scanf("%s",stu[i].name);
    for (j=0;j<3;j++)
      {printf("score %d: ",j+1);
       scanf("%f",&stu[i].score[j]);
      }
   }

          //计算
 average=0;
 max=0;
 maxi=0;
 for (i=0;i<N;i++)
   {sum=0;
    for (j=0;j<3;j++)
      sum+=stu[i].score[j];                //计算第 i 个学生的总分
    stu[i].avr=sum/3.0;                    //计算第 i 个学生的平均分
    average+=stu[i].avr;
    if (sum>max)                           //找分数最高者
     {max=sum;
      maxi=i;                              //将此学生的下标保存在 maxi
     }
   }
 average/=N;                               //计算总平均分数

            //输出
 printf("   NO.       name    score1    score2    score3     average\n");
 for (i=0;i<N;i++)
   {printf("%5s%10s",stu[i].num,stu[i].name);
    for (j=0;j<3;j++)
      printf("%9.2f",stu[i].score[j]);
    printf("    %8.2f\n",stu[i].avr);
   }
   printf("average=%5.2f\n",average);
   printf("The highest score is: student %s,%s\n",stu[maxi].num,stu[maxi].name);
   printf("his scores are: %6.2f,%6.2f,%6.2f,average: %5.2f.\n",
       stu[maxi].score[0],stu[maxi].score[1],stu[maxi].score[2],stu[maxi].avr);
 return 0;
}
```

变量说明：max 为当前最好成绩，maxi 为当前最好成绩所对应的下标序号，sum 为第 i 个学生的总成绩。

运行情况如下：

```
input scores of student 1:
No.: 101↙
name: Wang↙
score1: 93↙
score2: 89↙
score3: 87↙
input scores of student 2:
No.: 102↙
name: Li↙
score1: 85↙
score2: 80↙
score3: 78↙
input scores of student 3:
No.: 103↙
name: Zhao↙
score1: 65↙
score2: 70↙
score3: 59↙
input scores of student 4:
No.: 104↙
name: Ma↙
score1: 77↙
score2: 70↙
score3: 83↙
input scores of student 5:
No.: 105↙
name: Han↙
score1: 70↙
score2: 67↙
score3: 60↙
input scores of student 6:
No.: 106↙
name: Zhang↙
score1: 99↙
score2: 97↙
score3: 95↙
input scores of student 7:
No.: 107↙
name: Zhou↙
```

```
score1: 88↙
score2: 89↙
score3: 88↙
input scores of student 8:
No.: 108↙
name: Chen↙
score1: 87↙
score2: 88↙
score3: 85↙
input scores of student 9:
No.: 109↙
name: Yang↙
score1: 72↙
score2: 70↙
score3: 69↙
input scores of student 10:
No.: 110↙
name: Liu↙
score1: 78↙
score2: 80↙
score3: 83↙

No.    name    score1    score2    score3    average
101    Wang     93        89        87        89.67
102      Li     85        80        78        81.00
103    Zhao     65        70        59        64.67
104      Ma     77        70        83        76.67
105     Han     70        67        60        65.67
106   Zhang     99        97        95        97.00
107    Zhou     88        89        88        88.33
108    Chen     87        88        85        86.67
109    Yang     72        70        69        70.33
110     Liu     78        80        83        80.33
average=80.03
The highest score is: student 106,Zhang.
His scores are: 99.00,97.00,95.00,average:   97.00
```

9.6 13 个人围成一圈，从第 1 个人开始顺序报号 1、2、3。凡报到 3 者退出圈子。找出最后留在圈子中的人原来的序号。

解：在前面已用其他方法处理过这个问题，现在用结构体变量来处理。定义一个结构体数组，每个数组元素有两个成员：number 成员是各人的号码，nextp 成员是下一个人的号码,如图 9.2 所示。

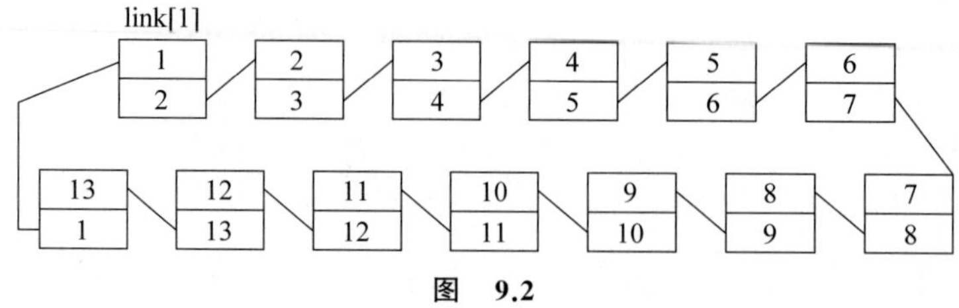

图 9.2

N-S 图见图 9.3。

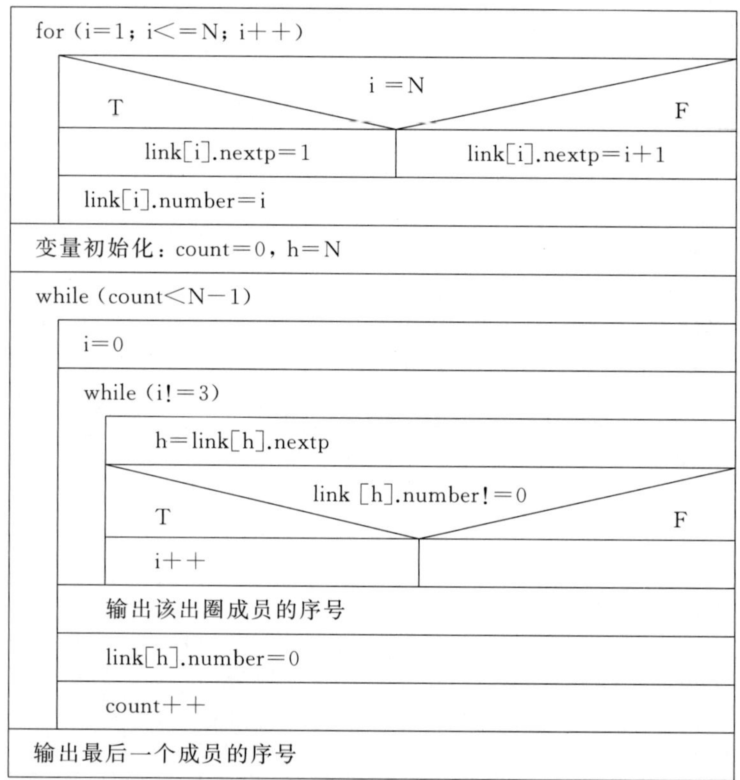

图 9.3

相应的程序如下:

```
#include <stdio.h>
#define N 13

struct person
 {int number;
```

```
    int nextp;
  } link[N+1];

int main()
 {int count,i,j;
  for (i=1;i<=N;i++)
    {if (i==N)
       link[i].nextp=1;              //使 link[13]的值为 1,即下一个结点是 1 号
     else
       link[i].nextp=i+1;         //使 link[1].nextp 的值为 2,link[2].nextp 的值为 3…
     link[i].number=i;               //使 link[i].number 的值为第 i 人的号码
    }
  printf("\n");
  count=0;                           //用 count 统计已出圈的人数
  j=N;                               //用 j 代表当前处理的结点号
  printf("sequence that persons leave the circle: \n");
  while(count<N-1)
    {i=0;
     while(i!=3)
       {j=link[j].nextp;             //使 j 的位置往后面移动一个结点
        if (link[j].number) i++;     //如果 link[j].number 不为 0,使 i 加 1
       }
     printf("%4d",link[j].number);   //输出出圈人号码
     link[j].number=0;               //使出圈人号码改为 0
     count++;                        //统计出圈人数
    }
  printf("\nThe last one is ");
  for (i=1;i<=N;i++)
    if (link[i].number)              //最后号码不为 0 的就是最后留在圈子中的人
      printf("%3d",link[i].number);
  printf("\n");
  return 0;
 }
```

运行结果：

```
sequence that persons leave the circle:
3   6   9 12   2   7 11   4 10   5   1   8
The last one is 13                    (最后留在圈子中的是 13 号)
```

说明：定义一个 struct person 结构体类型的数组 link，它有 14 个元素，其中序号为 0 的元素不用。

按照链表的思想,把各人之间建立联系。在执行 main 函数的 for 语句后,link 数组中的数据如图 9.2 所示。其中各结点中上面的数据是 number,即各人的号码,下面的数据是 nextp,即它的下一个结点的人的号码。

分析一下执行的过程:开始时,count 为 0,h 的值为 13,在执行第一个(外层)while 语句时,由于 count 小于 N−1(即 12),故执行外层 while 的循环体,先使 i=0,接着执行内层 while 语句,由于此时 i 不等于 3,故执行内层 while 的循环体,"j=link[j].nextp;"的作用是使 j 的值变为圈内下一个人的号码,现在 j=13,link[13].nextp 的值是 1,于是 j 就变为 1 了。下面的 if 语句是检查人员号码是否等于 0(凡出圈的,都使其号码变为 0)。现在 link[1].number 的值是 1,在条件判断时代表'真',执行 i++,i 的值变为 2 了。由于 i 不等于 3,所以执行内层 while 循环,执行 j=link[j].nextp,现在 j=1,link[1].nextp 的值为 2,把它赋给 j,j 就变为 2 了。现在 link[2].number 的值是 2,代表"真",执行i++,i 的值变为 3 了。

请注意:由于 i 等于 3,故不再执行内层 while 的循环体了,执行内层 while 下面的 printf 语句,输出 link[j].number 的值,由于 j=3,link[3].number 的值为 3,故输出第一个离开圈子的人的号码 3,然后使 link[3].number 的值变为 0,表示 3 号不在圈子中了。再使 count 加 1,变为 1。count 的作用是统计已出圈子的人数。

由于 count 小于 12,故第二次执行外层 while 循环体,重新使 i=0,与前面介绍的相仿,对 4 号和 5 号不做处理,对 6 号做出圈处理,输出其号码,并使其号码改为 0。

在第一轮中,已使 3、6、9、12 做了出圈处理,使其号码改为 0 了。在第二轮中,把 2 做出圈处理,由于 link[3].number 的值为 0,所以在 if 语句中,link[3].number 为"假",不执行 i++,即在数 1、2、3 时跳过此结点。同理跳过 6(因为 link[6]也已变成 0 了)。所以在 2 出圈后,下一个出圈的不是 5,而是 7(跳过了 3 和 6)。

当 count=12 时,表示已有 12 人出圈了,显然不必再继续了,不再执行外层 while 循环,剩下的一个不为 0 的号码就是最后留在圈子中的人。

请仔细分析本程序中的技巧,读者可以对着图 9.3 来分析程序中每一步的作用。

9.7 建立由 3 个学生数据结点构成的单向动态链表,向每个结点输入学生的数据(每个学生的数据包括学号、姓名、成绩),然后逐个输出各结点中的数据。

解:本题包括建立动态链表和输出动态链表两个部分。下面分别讨论:

(1) 建立动态链表。

先考虑实现此要求的算法(见图 9.4),在用程序处理时要用动态内存分配的知识和有关函数(malloc、calloc、realloc、free 函数)。

设 3 个指针变量:head、p1 和 p2,它们都是用来指向

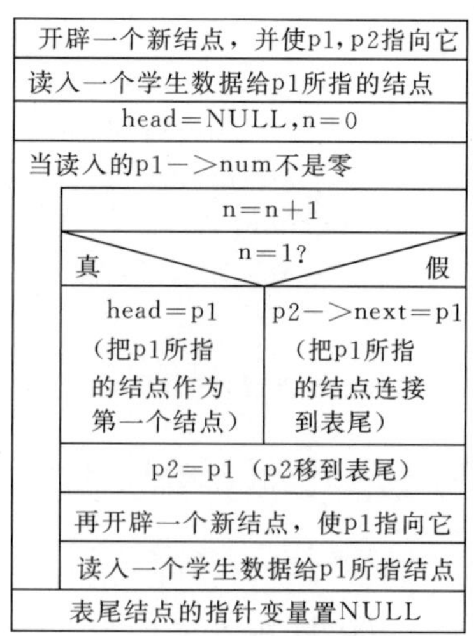

图 9.4

struct student 类型数据的。先用 malloc 函数开辟第一个结点，并使 p1、p2 指向它。然后从键盘读入一个学生的数据给 p1 所指的第一个结点。我们约定学号不会为零，如果输入的学号为 0，则表示建立链表的过程完成，该结点不应连接到链表中。先使 head 的值为 NULL（即等于 0），这是链表为“空”时的情况（head 不指向任何结点，即链表中无结点），当建立第一个结点时，就使 head 指向该结点。

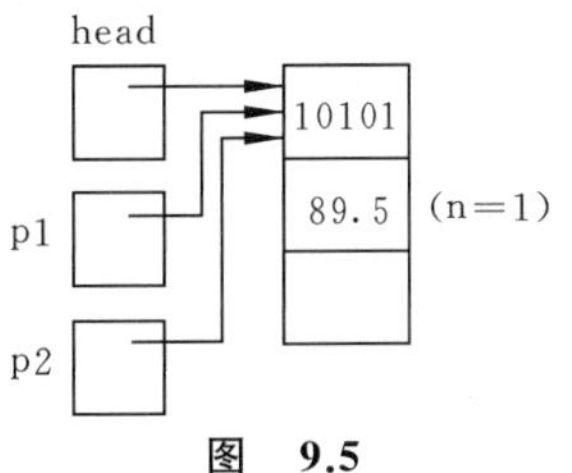

图 9.5

如果输入的 p1－＞num 不等于 0，则输入的是第一个结点数据（n＝1），令 head＝p1，即把 p1 的值赋给 head，也就是使 head 也指向新开辟的结点（见图 9.5）。p1 所指向的新开辟的结点就成为链表中第一个结点。然后再开辟另一个结点并使 p1 指向它，接着输入该结点的数据（见图 9.6(a)）。

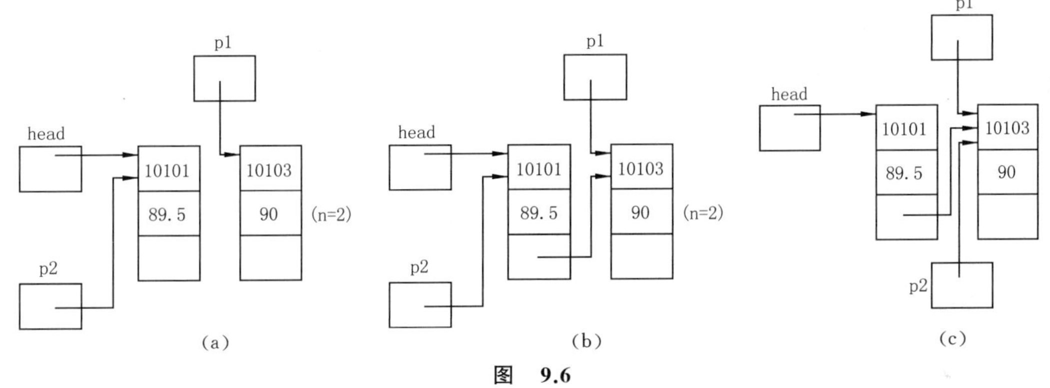

图 9.6

如果输入的 p1－＞num≠0，则应链入第 2 个结点（n＝2），由于 n≠1，则将 p1 的值赋给 p2－＞next，此时 p2 指向第一个结点，因此执行“p2－＞next＝p1”就将新结点的地址赋给第一个结点的 next 成员，使第一个结点的 next 成员指向第二个结点（见图 9.6(b)）。接着使 p2＝p1，也就是使 p2 指向刚才建立的结点，见图 9.6(c)。

接着再开辟一个结点并使 p1 指向它，并输入该结点的数据（见图 9.7(a)）。在第三次循环中，由于 n＝3(n≠1)，又将 p1 的值赋给 p2－＞next，也就是将第 3 个结点连接到第 2 个结点之后，并使 p2＝p1，使 p2 指向最后一个结点（见图 9.7(b)）。

再开辟一个新结点，并使 p1 指向它，输入该结点的数据（见图 9.8(a)）。由于 p1－＞num 的值为 0，不再执行循环，此新结点不应被连接到链表中。此时将 NULL 赋给 p2－＞next，见图 9.8(b)。建立链表过程至此结束，p1 最后所指的结点未链入链表中，第三个结点的 next 成员的值为 NULL，它不指向任何结点。虽然 p1 指向新开辟的结点，但从链表中无法找到该结点。

可以写一个建立链表的函数 creat：

```
#include <stdio.h>
```

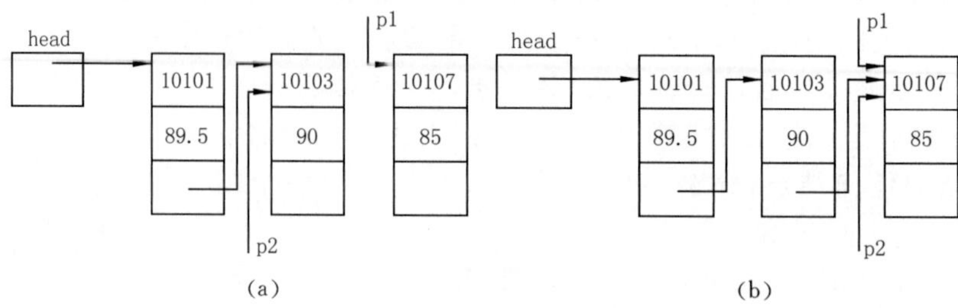

图 9.7

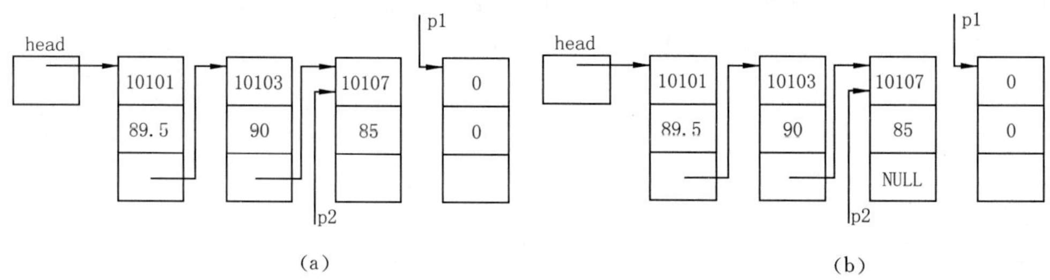

图 9.8

```
#include <malloc.h>
#define NULL 0
#define LEN sizeof(struct student)
struct student
  {long num;
   float score;
   struct student * next;
  };
int n;                             //n为全局变量,本文件模块中各函数均可使用它

struct student * creat(void)       //定义函数。此函数带回一个指向链表头的指针
  {struct student * head;
   struct student * p1, * p2;
   n=0;
   p1=p2=( struct student * ) malloc(LEN);        //开辟一个新单元
   scanf("%ld,%f",&p1->num,&p1->score);
   head=NULL;
   while(p1->num!=0)
     {n=n+1;
      if(n==1) head=p1;
      else p2->next=p1;
```

```
       p2=p1;
       p1=(struct student *)malloc(LEN);
       scanf("%ld,%f",&p1->num,&p1->score);
      }
    p2->next=NULL;
    return(head);
}
```

函数首部在括号内写 void，表示本函数没有形参，不需要进行数据传递。

可以写一个 main 函数，调用这个 creat 函数：

```
int main()
  { struct student *pt;
    pt=creat();                    //函数返回链表第一个结点的地址
    printf("\nnum: %ld\nscore: %5.1f\n",pt->num,pt->score);
                                   //输出第一个结点的成员值
    return 0;
  }
```

调用 creat 函数后，函数的返回值是所建立的链表的第一个结点的地址（请查看 return 语句），把它赋给指针变量 pt。为了验证各结点中的数据，在 main 函数中输出了第一个结点中的信息。

程序运行情况如下：

```
1001,67.5↙                 (输入第 1 个学生的学号和成绩)
1003.87↙                   (输入第 2 个学生的学号和成绩)
1004,99.5↙                 (输入第 3 个学生的学号和成绩)
0,0↙                       (输入 0,表示输入结束)

num: 1001
score: 67.5
```

对程序的说明：

① 程序第 3 行为 # define 指令行，令 NULL 代表 0，用它表示“空地址”。其实这行也可以不写，因为在 stdio.h 头文件中已包含了此定义。

② 第 4 行令 LEN 代表 struct student 类型数据的长度，sizeof 是“求字节数运算符”。

③ 第 11 行定义一个 creat 函数，它是指针类型，即此函数带回一个指针值，它指向一个 struct student 类型数据。实际上此 creat 函数带回一个链表起始地址。

④ malloc(LEN)的作用是开辟一个长度为 LEN 的内存区，LEN 已定义为 sizeof(struct student)，即结构体 struct student 的长度。malloc 带回的是不指向任何类型数据的指针(void *类型)。而 p1、p2 是指向 struct student 类型数据的指针变量，因此必须用强制类型

转换的方法使指针的基类型改变为 struct student 类型,在 malloc(LEN)之前加了“(struct student *)”,它的作用是使 malloc 返回的指针转换为 struct student 类型数据的指针。注意括号中的“*”号不可省略,否则转换成 struct student 类型了,而不是指针类型了。

⑤ 最后一行 return 后面的参数是 head(head 已定义为指针变量,指向 struct student 类型数据)。因此函数返回的是 head 的值,也就是链表中第一个结点的起始地址。

⑥ n 是结点个数。

⑦ 这个算法的思路是让 p1 指向新开辟的结点,p2 指向链表中最后一个结点,把 p1 所指的结点连接在 p2 所指的结点后面,用“p2－>next＝p1”来实现。

(2) 输出链表。

将链表中各结点的数据依次输出。这个问题比较容易处理。首先要知道链表第一个结点的地址,也就是要知道 head 的值。然后设一个指针变量 p,先指向第一个结点,输出 p 所指的结点,然后使 p 后移一个结点,再输出,直到链表的尾结点。

根据上面的思路,写出算法如图 9.9 所示,并据此写出以下函数:

```
void print(struct student * head)
  {struct student * p;
   printf("\nNow,These %d records are: \n",n);
   p=head;
   if(head!=NULL)
     do
       {printf("%ld %5.1f\n",p->num,p->score);
       p=p->next;
     }while(p!=NULL);
  }
```

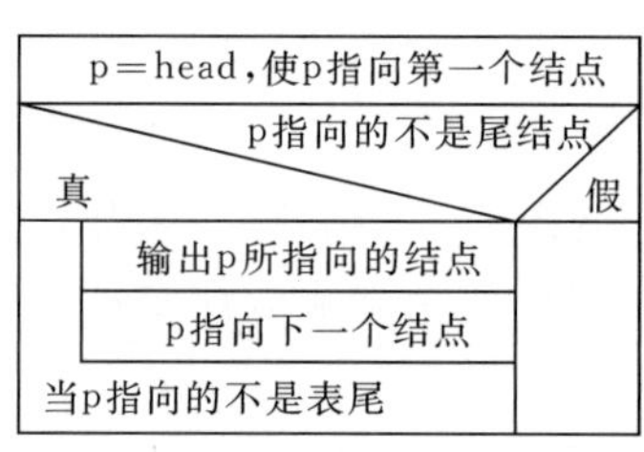

图 9.9

其操作过程可用图 9.10 表示。p 先指向第一个结点,在输出完第一个结点之后,p 移到图中 p'虚线位置,指向第二个结点。程序中“p＝p－>next;”的作用是将 p 原来所指向的结点中 next 的值赋给 p,而 p－>next 的值就是第二个结点的起始地址。将它赋给 p,就是使 p 指向第二个结点。head 的值由实参传过来,也就是将已有的链表的头指针传给被调用的函数,在 print 函数中从 head 所指的第一个结点出发顺序输出各个结点。

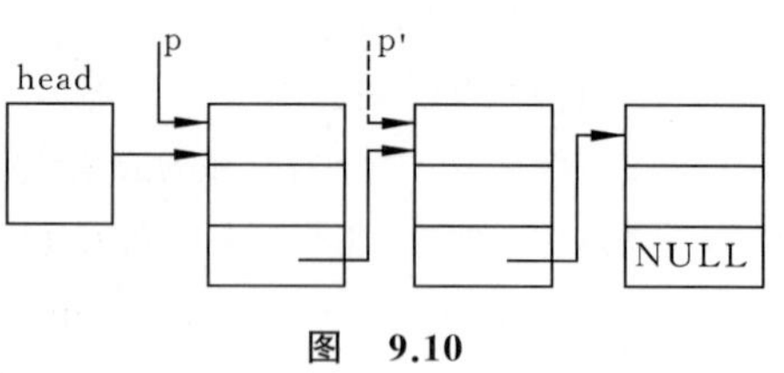

图 9.10

可以写一个主函数,同 creat 函数和 print 函数一起组成一个程序,即:

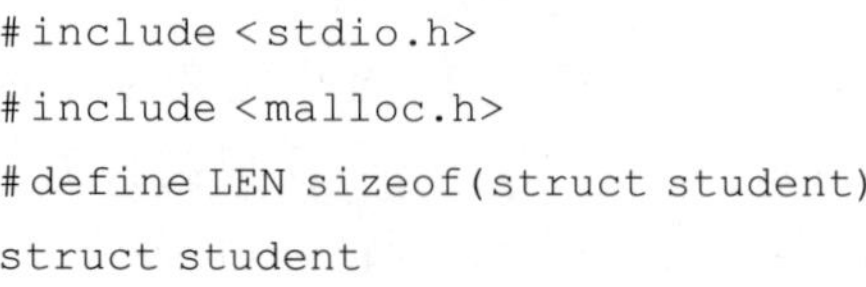

```
#include <stdio.h>
#include <malloc.h>
#define LEN sizeof(struct student)
struct student
```

```
  {long num;
   float score;       struct student * next;
   };
int n;

int main()                          //主函数
 {struct student * creat();         //函数声明
  void print(struct student * );    //函数声明
  struct student * head;            //定义 head 为指向 struct student 型变量的指针
  head=creat();                     //调用 creat 函数,返回第 1 个结点的起始地址
  print(head);                      //调用 print 函数
  return 0;
 }

struct student * creat()            //建立链表的函数
  {struct student * head;
   struct student * p1, * p2;
   n=0;
   p1=p2=( struct student * ) malloc(LEN);
   scanf("%ld,%f",&p1->num,&p1->score);
   head=NULL;
   while(p1->num!=0)
     {n=n+1;
      if(n==1)head=p1;
      else p2->next=p1;
      p2=p1;
      p1=(struct student * )malloc(LEN);
      scanf("%ld,%f",&p1->num,&p1->score);
     }
   p2->next=NULL;
   return(head);
}

void print(struct student * head)//输出链表的函数
  {struct student * p;
   printf("\nNow,These %d records are: \n",n);
   p=head;
   if(head!=NULL)
     do
```

```
    {printf("%ld %5.1f\n",p->num,p->score);
     p=p->next;
    }while(p!=NULL);
}
```

以上对建立链表和输出链表的过程做了比较详细的介绍,读者如果对此过程比较清楚的话,对链表的其他操作过程(如链表结点的删除和结点的插入等)也就比较容易理解了。

第10章 利用文件保存数据

10.1 对C文件操作有些什么特点？什么是缓冲文件系统和文件缓冲区？

解：略。

10.2 什么是文件型指针？通过文件指针访问文件有什么好处？

解：略。

10.3 对文件的打开与关闭的含义是什么？为什么要打开和关闭文件？

解：略。

10.4 从键盘输入一个字符串，将其中的小写字母全部转换成大写字母，然后输出到一个磁盘文件test中保存。输入的字符串以"!"结束。

解：程序如下所示。

```
#include <stdio.h>
#include <string.h>
#include <stdlib.h>
int main ()
{
 FILE * fp;
 char str[100];
 int i=0;
 if ((fp=fopen("a1","w"))==NULL)
   { printf("can not open file\n");
     exit(0);
   }
 printf("input a string: \n");
 gets(str);
 while (str[i]!='!')
  {if (str[i]>='a'&& str[i]<='z')
     str[i]=str[i]-32;
   fputc(str[i],fp);
   i++;
  }
 fclose(fp);
```

```
 fp=fopen("a1","r");
 fgets(str,strlen(str)+1,fp);
 printf("%s\n",str);
 fclose(fp);
 return 0;
}
```

运行情况如下：

```
input a string:
i love china!↙
I LOVE CHINA
```

10.5 有两个磁盘文件A和B,各存放一行字母,今要求把这两个文件中的信息合并(按字母顺序排列),输出到一个新文件C中去。

解：先分别建立两个文件A和B,其中内容分别是"I LOVE CHINA"和"I LOVE BEIJING"。

在程序中先分别将A、B文件的内容读出并放到数组c中,再对数组c排序。最后将数组内容写到C文件中,流程图如图10.1所示。

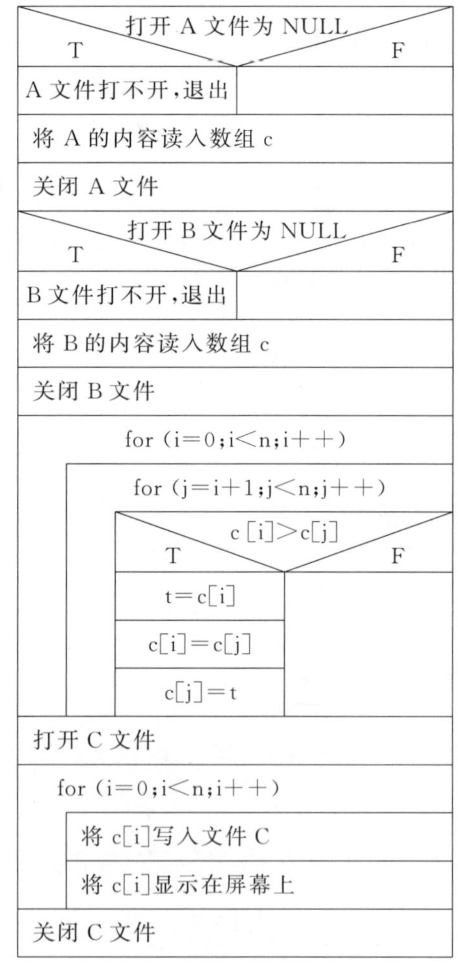

图 10.1

根据流程编写程序如下：

```
#include <stdio.h>
#include <stdlib.h>
int main ()
 {
  FILE * fp;
  int i,j,n,i1;
  char c[100],t,ch;
  if ((fp=fopen("a1","r"))==NULL)
    { printf("\ncan not open file\n");
      exit(0);
    }
  printf("file A: \n");
  for (i=0;(ch=fgetc(fp))!=EOF;i++)
   {
    c[i]=ch;
    putchar(c[i]);
   }
  fclose(fp);

  i1=i;
```

```
 if ((fp=fopen("b1","r"))==NULL)
  {printf("\ncan not open file\n");
   exit(0);
  }

    printf("\nfile B: \n");
    for (i=i1;(ch=fgetc(fp))!=EOF;i++)
      {c[i]=ch;
       putchar(c[i]);
      }
    fclose(fp);

    n=i;
    for (i=0;i<n;i++)
      for (j=i+1;j<n;j++)
         if (c[i]>c[j])
            {t=c[i];
             c[i]=c[j];
             c[j]=t;
            }
    printf("\nfile C: \n");
    fp=fopen("c1","w");
    for (i=0;i<n;i++)
        {putc(c[i],fp);
         putchar(c[i]);
        }
    printf("\n");
    fclose(fp);
    return 0;
   }
```

运行结果：

```
file A:
I LOVE CHINA  (磁盘文件 A 中的内容)
file B:
I LOVE BEIJING  (磁盘文件 B 中的内容)
file C:
      ABCEEEGHIIIIIJLLNNOOVV
                  (合并后存放在磁盘文件 C 中)
```

10.6 有 5 个学生，每个学生有 3 门课程的成绩，从键盘输入学生数据(包括学号、姓名、3 门课程成绩)，计算出平均成绩，将原有数据和计算出的平均分数存放在磁盘文件“stud”中。

解法一：N-S 图如图 10.2 所示。

根据流程编写程序如下：

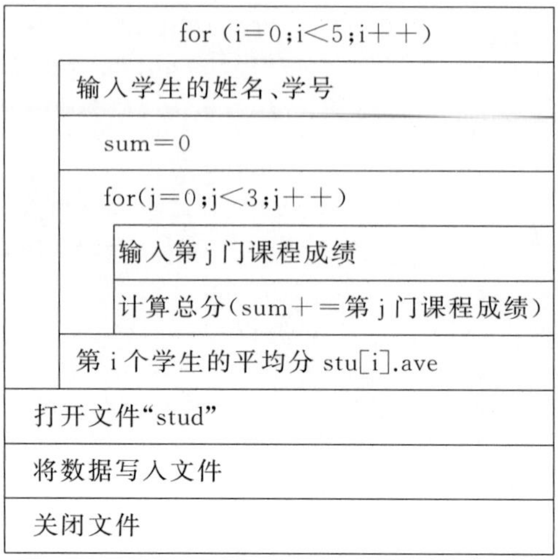

```
#include <stdio.h>
struct student
 {char num[10];
  char name[8];
  int score[3];
  float ave;
  }  stu[5];

 int main()
   { int i,j,sum;
     FILE * fp;
     for(i=0;i<5;i++)
     {printf(" input score of student %d:
      \n",i+1);
      printf("NO.: ");
      scanf("%s",stu[i].num);
      printf("name: ");
      scanf("%s",stu[i].name);
      sum=0;
      for (j=0;j<3;j++)
        {printf("score %d: ",j+1);
         scanf("%d",&stu[i].score[j]);
         sum+=stu[i].score[j];
        }
      stu[i].ave=sum/3.0;
     }

      //将数据写入文件
  fp=fopen("stud","w");
  for (i=0;i<5;i++)
      if (fwrite(&stu[i],sizeof(struct student),1,fp)!=1)
        printf("file write error\n");
  fclose(fp);

    fp=fopen("stud","r");
    for (i=0;i<5;i++)
      {fread(&stu[i],sizeof(struct student),1,fp);
       printf("\n%s,%s,%d,%d,%d,%6.2f\n",stu[i].num,stu[i].name,stu[i].score[0],
         stu[i].score[1],stu[i].score[2],stu[i].ave);
    }
    return 0;
  }
```

for (i=0;i<5;i++)		
	输入学生的姓名、学号	
	sum=0	
	for(j=0;j<3;j++)	
		输入第j门课程成绩
		计算总分(sum+=第j门课程成绩)
	第i个学生的平均分 stu[i].ave	
打开文件"stud"		
将数据写入文件		
关闭文件		

图 10.2

运行情况如下：

```
input score of student 1:
No.: 110↙
name: Li↙
score 1: 90↙
score 2: 89↙
score 3: 88↙

input score of student 2:
No.: 120↙
name: Wang↙
score 1: 80↙
score 2: 79↙
score 3: 78↙

input score of student 3:
No.: 130↙
name: Chen↙
score 1: 70↙
score 2: 69↙
score 3: 68↙

input score of student 4:
No.: 140↙
name: Ma↙
score 1: 100↙
score 2: 99↙
score 3: 98↙

input score of student 5:
No.: 150↙
name: Wei↙
score 1: 60↙
score 2: 59↙
score 3: 58↙

110,Li,90,89,88,89.00
120,Wang,80,79,78,79.00
130,Chen,70,69,68,69.00
140,Ma,100,99,98,99.00
```

```
150,Wei,60,59,58,59.00
```

说明：在程序的第一个 for 循环中，有两个 printf 函数语句用来提示用户输入数据，即 printf("input score of student %d: \n",i+1);和 printf("score %d: ",j+1);，其中用“i+1”和“j+1”而不是用 i 和 j 的用意是使显示提示时，序号从 1 起，即学生 1 和成绩 1(而不是学生 0 和成绩 0)，以符合人们的习惯，但在内存中数组元素下标仍从 0 算起。

程序最后 5 行用来检查文件 stud 中的内容是否正确，从结果来看，是正确的。请注意：用 fwrite 函数向文件输出数据时不是按 ASCII 码方式输出的，而是按内存中存储数据的方式输出的(例如一个整数占 2(或 4)字节，一个实数占 4 字节)，因此不能用 DOS 的 type 命令输出该文件中的数据。

解法二：也可以用下面的程序来实现。

```
#include <stdio.h>
#define SIZE 5
struct student
 {char name[10];
  int num;
  int score[3];
  float ave;
  } stud[SIZE];

 int main()
   { void save(void);                        //函数声明
     int i;
     float sum[SIZE];
     FILE * fp1;
     for (i=0;i<SIZE;i++)                    //输入数据,并求每个学生的平均分
       { scanf("%s %d %d %d %d",stud[i].name,&stud[i].num,&stud[i].score[0],
          &stud[i].score[1],&stud[i].score[2]);
        sum[i]=stud[i].score[0]+stud[i].score[1]+stud[i].score[2];
        stud[i].ave=sum[i]/3;
       }
     save();                                 //调用 save 函数,向文件 stu.dat 输出数据
     fp1=fopen("stu.dat","rb");              //用只读方式打开 stu.dat 文件
     printf("\n name      NO.    score1  score2  score3   ave\n");
     printf("---------------\n");            //输出表头
     for (i=0;i<SIZE;i++)                    //从文件读入数据并在屏幕输出
      {fread(&stud[i],sizeof(struct student),1,fp1);
       printf("%-10s %3d %7d %7d %7d %8.2f\n",stud[i].name,stud[i].num,
       stud[i].score[0],stud[i].score[1],stud[i].score[2],stud[i].ave);
       }
     fclose (fp1);
```

```
    return 0;
  }

void save(void)                                    //向文件输出数据的函数
  {
    FILE * fp;
    int i;
    if ((fp=fopen("stu.dat","wb"))==NULL)
      {printf("The file can not open\n");
       return;
      }
    for(i=0;i<SIZE;i++)
      if (fwrite(&stud[i],sizeof(struct student),1,fp)!=1)
        {printf("file write error\n");
         return;
        }
    fclose(fp);
  }
```

运行情况如下：

```
Zhang 101 77 78 98↙
Li 102 67 78 88↙
Wang 103 89 99 97↙
Wei 104 77 76 98↙
Tan 105 78 89 97↙

name     No.    score1    score2    score3      ave
------------------------------------------
Zhang    101      77        78        98        84.33
Li       102      67        78        88        77.67
Wang     103      89        99        97        95.00
Wei      104      77        76        98        83.67
Tan      105      78        89        97        88.00
```

本程序用 save 函数将数据写到磁盘文件上，再从文件读回，然后用 printf 函数输出，从运行结果可以看到文件中的数据是正确的。

10.7 将习题 10.6“stud”文件中的学生数据，按平均分进行排序处理，将已排序的学生数据存入一个新文件“stu_sory”中。

解法一：N-S 图如图 10.3 所示。

根据流程图可写出程序如下：

```
#include <stdio.h>
#include <stdlib.h>
#define N 10
struct student
 {char num[10];
  char name[8];
  int score[3];
  float ave;
  } st[N],temp;

  int main()
  {FILE * fp;
   int i,j,n;

      //读文件
   if ((fp=fopen("stud","r"))==NULL)
     {printf("can not open.\n");
      exit(0);
     }
   printf("File 'stud': ");
    for (i = 0; fread (&st [i], sizeof
 (struct student),1,fp)!=0;i++)
     {printf("\n%8s%8s",st[i].num,st
      [i].name);
      for (j=0;j<3;j++)
      printf("%8d",st[i].score[j]);
      printf("%10.2f",st[i].ave);
     }
   printf("\n");
   fclose(fp);
   n=i;

      //排序
   for (i=0;i<n;i++)
      for (j=i+1;j<n;j++)
     if (st[i].ave<st[j].ave)
       {temp=st[i];
        st[i]=st[j];
        st[j]=temp;
```

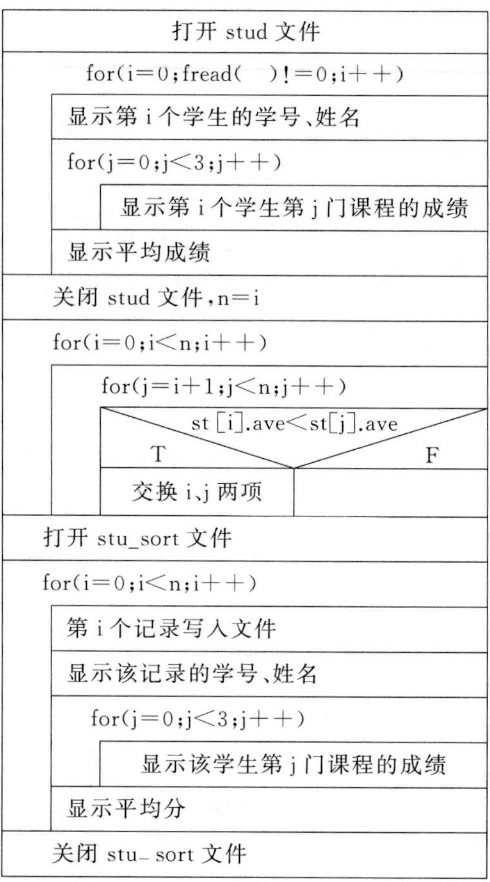
打开 stud 文件
for(i=0;fread( )!=0;i++)
显示第 i 个学生的学号、姓名
for(j=0;j<3;j++)
显示第 i 个学生第 j 门课程的成绩
显示平均成绩
关闭 stud 文件,n=i
for(i=0;i<n;i++)
for(j=i+1;j<n;j++)
st[i].ave<st[j].ave
T
F
交换 i、j 两项
打开 stu_sort 文件
for(i=0;i<n;i++)
第 i 个记录写入文件
显示该记录的学号、姓名
for(j=0;j<3;j++)
显示该学生第 j 门课程的成绩
显示平均分
关闭 stu_sort 文件

图 10.3

```
        }
        //输出
  printf("\nNow: ");
  fp=fopen("stu_sort","w");
  for (i=0;i<n;i++)
     {fwrite(&st[i],sizeof(struct student),1,fp);
      printf("\n%8s%8s",st[i].num,st[i].name);
      for (j=0;j<3;j++)
        printf ("%8d",st[i].score[j]);
      printf("%10.2f",st[i].ave);
     }
  printf("\n");
  fclose(fp);
  return 0;
}
```

运行结果：

```
File 'stud':
110       Li      90      89      88     89.00
120     Wang      80      79      78     79.00
130     Chen      70      69      68     69.00
140       Ma     100      99      98     99.00
150      Wei      60      59      58     59.00
Now:
140       Ma     100      99      98      99.00
110       Li      90      89      88      89.00
120     Wang      80      79      78      79.00
130     Chen      70      69      68      69.00
150      Wei      60      59      58      59.00
```

解法二：与习题 10.6 解法二相应，可以接着使用下面的程序来实现本题要求。

```
#include <stdio.h>
#include <stdlib.h>
#define SIZE 5
struct student
 {
  char name[10];
  int num;
  int score[3];
  float ave;
  }  stud[SIZE],work;
 int main()
```

```
{
 void sort(void);
 int i;
 FILE * fp;
 sort();
 fp=fopen("stud_sort.dat","rb");
 printf("Sorted student's scores list is as following\n");
 printf("-------------------------------------------\n");
 printf(" NAME      NO.     SCORE1    SCORE2    SCORE3     AVE      \n");
 printf("-------------------------------------------\n");
 for (i=0;i<SIZE;i++)
     {
 fread(&stud[i],sizeof(struct student),1,fp);
 printf("%-10s %3d %8d %8d %8d %9.2f\n",stud[i].name,stud[i].num,
       stud[i].score[0],stud[i].score[1],stud[i].score[2],stud[i].ave);
     }
 fclose(fp);
 return 0;
}

void sort(void)
 {FILE * fp1, * fp2;
 int i,j;
 if ((fp1=fopen("stu.dat","rb"))==NULL)
   {printf("The file can not open\n\n");
    exit(0);
   }
 if ((fp2=fopen("stud_sort.dat","wb"))==NULL)
   {printf("The file write error\n");
    exit(0);
   }
 for (i=0;i<SIZE;i++)
   if (fread(&stud[i],sizeof(struct student),1,fp1)!=1)
     {printf("file read error\n");
      exit(0);
     }
 for (i=0;i<SIZE;i++)
   {for (j=i+1;j<SIZE;j++)
      if (stud[i].ave<stud[j].ave)
        {work=stud[i];
         stud[i]=stud[j];
         stud[j]=work;
        }
```

```
        fwrite(&stud[i],sizeof(struct student),1,fp2);
      }
    fclose(fp1);
    fclose(fp2);
  }
```

运行情况如下：

```
Sorted student's scores list is as following
-------------------------------------------
NAME         No.   SCORE1  SCORE2  SCORE3    AVE
-------------------------------------------
Wang        103      89      99      97     95.00
Tan         105      78      89      97     88.00
Zhang       101      77      78      98     84.33
Wei         104      77      76      98     83.67
Li          102      67      78      88     77.67
```

10.8 将习题 10.7 已排序的学生成绩文件进行插入处理。插入一个学生的 3 门课程成绩，程序先计算新插入学生的平均成绩，然后将它按成绩高低顺序插入，插入后建立一个新文件。

解：N-S 图如图 10.4 所示。

根据流程编写程序如下：

```
#include <stdio.h>
#include <stdlib.h>
struct student
{char num[10];
 char name[8];
 int score[3];
 float ave;

 }  st[10],s;

 int main()
  {FILE * fp, * fp1;
   int i,j,t,n;
   printf("\nNO.: ");
   scanf("%s",s.num);
   printf("name: ");
   scanf("%s",s.name);
   printf("score1,score2,score3: ");
   scanf("%d,%d,%d",&s.score[0],&s.score
```

输入待插入的学生的数据
计算其平均分
打开 stu_sort 文件
从该文件读入数据并显示出来
确定插入的位置 t
向文件输出前面 t 个学生的数据并显示
向文件输出待输入的学生数据并显示
向文件输出 t 后面的学生数据并显示
关闭文件

图 10.4

```
[1],&s.score[2]);
  s.ave=(s.score[0]+s.score[1]+s.score[2])/3.0;

         //从文件读数据
  if((fp=fopen("stu_sort","r"))==NULL)
    {printf("can not open file.");
     exit(0);
    }
  printf("original data: \n");
    for (i=0;fread(&st[i],sizeof(struct student),1,fp)!=0;i++)
      {printf("\n%8s%8s",st[i].num,st[i].name);
         for (j=0;j<3;j++)
           printf("%8d",st[i].score[j]);
       printf("%10.2f",st[i].ave);
      }

  n=i;
  for (t=0;st[t].ave>s.ave && t<n;t++);

          //向文件写数据
  printf("\nNow: \n");
  fp1=fopen("sort1.dat","w");
  for (i=0;i<t;i++)
    {fwrite(&st[i],sizeof(struct student),1,fp1);
     printf("\n %8s%8s",st[i].num,st[i].name);
     for (j=0;j<3;j++)
       printf("%8d",st[i].score[j]);
     printf("%10.2f",st[i].ave);
    }
  fwrite(&s,sizeof(struct student),1,fp1);
  printf("\n %8s %7s %7d %7d %7d%10.2f",s.num,s.name,s.score[0],
        s.score[1],s.score[2],s.ave);

  for (i=t;i<n;i++)
    {fwrite(&st[i],sizeof(struct student),1,fp1);
     printf("\n %8s%8s",st[i].num,st[i].name);
     for(j=0;j<3;j++)
       printf("%8d",st[i].score[j]);
     printf("%10.2f",st[i].ave);
     }
  printf("\n");
```

```
  fclose(fp);
  fclose(fp1);
  return 0;
 }
```

运行结果：

```
No.: 160↙
name: Tan↙
score1,score2,score3: 98,97,98↙
Original data:
  140       Ma     100     99     98     99.00
  110       Li      90     89     88     89.00
  120     Wang      80     79     78     79.00
  130     Chen      70     69     68     69.00
  150      Wei      60     59     58     59.00
Now:
  140       Ma     100     99     98     99.00
  160      Tan      98     97     98     97.67
  110       Li      90     89     88     89.00
  120     Wang      80     79     78     79.00
  130     Chen      70     69     68     69.00
  150      Wei      60     59     58     59.00
```

为节省篇幅，本题和习题 10.9 不再给出习题 10.7 解法二的程序，请读者自己编写程序。

10.9 将习题 10.8 结果仍存入原有的 stu_sort 文件而不另建立新文件。

解：程序如下：

```
#include <stdio.h>
#include <stdlib.h>
struct student
 {
  char num[10];
  char name[8];
  int score[3];
  float ave;
  }st[10],s;

  int main()
  {FILE * fp;
   int i,j,t,n;
   printf("\nNO.: ");
   scanf("%s",s.num);
```

```
printf("name: ");
scanf("%s",s.name);
printf("score1,score2,score3: ");
scanf("%d,%d,%d",&s.score[0],&s.score[1],&s.score[2]);
    s.ave=(s.score[0]+s.score[1]+s.score[2])/3.0;

     //从文件读数据
if((fp=fopen("stu_sort","r"))==NULL)
  {printf("can not open file.");
   exit(0);
  }
printf("original data: ");
for (i=0;fread(&st[i],sizeof(struct student),1,fp)!=0;i++)
  {printf("\n%8s%8s",st[i].num,st[i].name);
   for (j=0;j<3;j++)
    printf("%8d",st[i].score[j]);
   printf("%10.2f",st[i].ave);
  }
fclose(fp);
    //向文件写数据
n=i;
for (t=0;st[t].ave>s.ave && t<n;t++);
printf("\nNow: \n");
if((fp=fopen("stu_sort","w"))==NULL)
{printf("can not open file.");
 exit(0);
}
for (i=0;i<t;i++)
  {fwrite(&st[i],sizeof(struct student),1,fp);
   printf("\n %8s%8s",st[i].num,st[i].name);
   for (j=0;j<3;j++)
     printf("%8d",st[i].score[j]);
   printf("%10.2f",st[i].ave);
   }
fwrite(&s,sizeof(struct student),1,fp);
printf("\n%  9s%8s%8d%8d%8d%10.2f",s.num,s.name,s.score[0],
      s.score[1],s.score[2],s.ave);
for (i=t;i<n;i++)
  {fwrite(&st[i],sizeof(struct student),1,fp);
   printf("\n %8s%8s",st[i].num,st[i].name);
   for(j=0;j<3;j++)
```

```
      printf("%8d",st[i].score[j]);
    printf("%10.2f",st[i].ave);
   }
  printf("\n");
  fclose(fp);
  return 0;
}
```

运行情况如下：

```
No.: 160↙
name: Hua↙
score1,score2,score3: 78,89,91↙
original data:
    140      Ma    100     99     98      99.00
    110      Li     90     89     88      89.00
    120    Wang     80     79     78      79.00
    130    Chen     70     69     68      69.00
    150     Wei     60     59     58      59.00
Now:
    140      Ma    100     99     98      99.00
    110      Li     90     89     88      89.00
    160     Hua     78     89     91      86.00
    120    Wang     80     79     78      79.00
    130    Chen     70     69     68      69.00
    150     Wei     60     59     58      59.00
```

10.10 有一磁盘文件employee，内存放职工的数据。每个职工的数据包括职工姓名、职工号、性别、年龄、住址、工资、健康状况、文化程度。今要求将职工名、工资的信息单独抽出来另建一个简明的职工工资文件。

解：N-S图如图10.5所示。

根据流程图编写程序如下：

```
#include <stdio.h>
#include <stdlib.h>
#include <string.h>
struct emploee
 {char  num[6];
  char  name[10];
  char  sex[2];
  int   age;
  char  addr[20];
```

打开 employee 文件
for(i=0;fread( )!=;i++)
显示读出的第 i 个职工的数据
em_case[i].name=em[i].name
em_case[i].salary=em[i].salary
打开 emp_salary 文件
for(j=0;j<i;j++)
将第 j 个职工的简明数据写入文件
关闭文件

图 10.5

```
int   salary;
char  health[8];
char   class[10];
} em[10];

struct emp
{char name[10];
 int  salary;
}em_case[10];

int main()
  {FILE * fp1, * fp2;
   int i,j;
   if ((fp1=fopen("emploee","r"))==NULL)
    {printf("can not open file.\n");
     exit(0);
    }
   printf("\n  NO.   name  sex   age    addr   salary   health  class\n");
   for (i=0;fread(&em[i],sizeof(struct emploee),1,fp1)!=0;i++)
     {printf("\n%4s%8s%4s%6d%10s%6d%10s%8s",em[i].num,em[i].name,em[i].sex,
          em[i].age,em[i].addr,em[i].salary,em[i].health,em[i].class);
      strcpy(em_case[i].name,em[i].name);
      em_case[i].salary=em[i].salary;
     }
    printf("\n\n  ****************************************");
    if((fp2=fopen("emp_salary","wb"))==NULL)
      {printf("can not open file\n");
       exit(0);
      }
    for (j=0;j<i;j++)
      {if(fwrite(&em_case[j],sizeof(struct emp),1,fp2)!=1)
         printf("error!");
       printf("\n  %12s%10d",em_case[j].name,em_case[j].salary);
      }
    printf("\n   ************************************** ");
    fclose(fp1);
    fclose(fp2);
    return 0;
  }
```

运行结果如下:

```
No.    name    sex  age    addr  saary  health    class
```

```
101      Li      m   23   Beijing  670    good     P.H.D.
102    Wang      f   45  Shanghai  780     bad     master
103      Ma      m   32    Taijin  650    good      univ.
104     Liu      f   56      Xian  540    pass    college

   ***********************************
       Li       670
       Wang     780
       Ma       650
       Liu      540
   ***********************************
```

说明：数据文件 emploee 是事先建立好的，其中已有职工数据，而 emp_salary 文件则是由程序建立的。

建立 emploee 文件的程序如下：

```
#include <stdio.h>
#include <stdlib.h>
struct emploee
 {char    num[6];
  char    name[10];
  char    sex[2];
  int     age;
  char    addr[20];
  int     salary;
  char    health[8];
  char    class[10];
  }em[10];

 int main()
   {
    FILE * fp;
    int i;
    printf("input NO.,name,sex,age,addr,salary,health,class\n");
    for (i=0;i<4;i++)
      scanf(" %s %s %s %d %s %d %s %s",em[i].num,em[i].name,em[i].sex,
          &em[i].age,em[i].addr,&em[i].salary,em[i].health,em[i].class);

       //将数据写入文件
    if((fp=fopen("emploee","w"))==NULL)
      {printf("can not open file.");
       exit(0);
      }
    for (i=0;i<4;i++)
```

```
    if(fwrite(&em[i],sizeof(struct emploee),1,fp)!=1)
      printf("error\n");
   fclose(fp);
   return 0;
 }
```

在运行此程序时从键盘输入4个职工的数据，程序将它们写入 emploee 文件。在运行前面一个程序时从 emploee 文件中读出数据并输出到屏幕，然后建立一个简明文件，同时在屏幕上输出。

10.11 从习题10.10的“职工工资文件”中删去一个职工的数据，再存回原文件。

解：N-S图如图10.6所示。

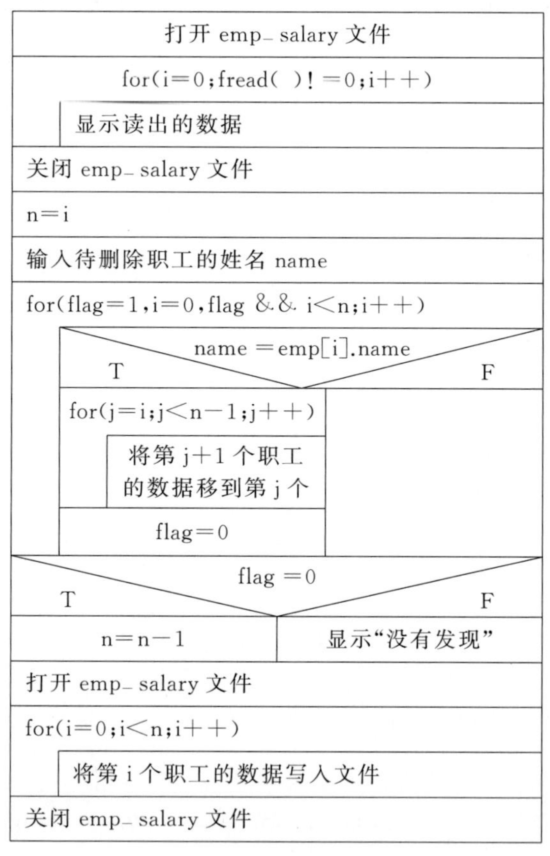

图 10.6

根据流程编写程序如下：

```
#include <stdio.h>
#include <stdlib.h>
#include <string.h>
```

```
struct emploee
  {char  name[10];
   int   salary;
  }emp[20];

int main()
 { FILE * fp;
   int i,j,n,flag;
   char name[10];
   if ((fp=fopen("emp_salary","rb"))== NULL)
     {printf("can not open file.\n");
      exit(0);
     }
   printf("\noriginal data: \n");
   for (i=0;fread(&emp[i],sizeof(struct emploee),1,fp)!=0;i++)
      printf("\n  %8s   %7d",emp[i].name,emp[i].salary);
   fclose(fp);
   n=i;
   printf("\ninput name deleted: \n");
   scanf("%s",name);
   for (flag=1,i=0;flag && i<n;i++)
     {if (strcmp(name,emp[i].name)==0)
        {for (j=i;j<n-1;j++)
           {strcpy(emp[j].name,emp[j+1].name);
            emp[j].salary=emp[j+1].salary;
           }
         flag=0;
        }
     }
   if(!flag)
     n=n-1;
   else
     printf("\nnot found!");
   printf("\nNow,The content of file: \n");
   if((fp=fopen("emp_salary","wb"))==NULL)
     {printf("can not open file\n");
      exit(0);
     }
   for (i=0;i<n;i++)
      fwrite(&emp[i],sizeof(struct emploee),1,fp);
   fclose(fp);
```

```
  fp=fopen("emp_salary","r");
  for (i=0;fread(&emp[i],sizeof(struct emploee),1,fp)!=0;i++)
     printf("\n%8s   %7d",emp[i].name,emp[i].salary);
  printf("\n");
  fclose(fp);
  return 0;
 }
```

运行情况如下：

```
original data:
    Li         670
    Wang       780
    Ma         650
    Liu        540
input name deleted: Ma↙
Now,the content of file:
    Li         670
    Wang       780
    Liu        540
```

10.12 从键盘输入若干行字符(每行长度不等)，输入后把它们存储到一磁盘文件中。再从该文件中读入这些数据，将其中小写字母转换成大写字母后在显示屏上输出。

解：N-S 图如图 10.7 所示。

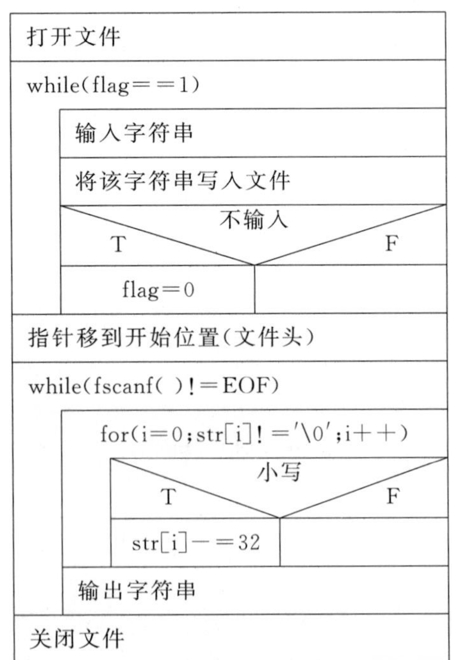

打开文件
while(flag==1)
输入字符串
将该字符串写入文件
不输入
T
F
flag=0
指针移到开始位置(文件头)
while(fscanf( )!=EOF)
for(i=0;str[i]!='\0';i++)
小写
T
F
str[i]-=32
输出字符串
关闭文件

图 10.7

根据流程图编写程序如下：

```
#include <stdio.h>
int main()
 { int i,flag;
   char str[80],c;
   FILE * fp;
   fp=fopen("text","w");
   flag=1;
   while(flag==1)
     {printf("input string: \n");
      gets(str);
      fprintf(fp,"%s ",str);
      printf("continue? ");
      c=getchar();
      if ((c=='N')||(c=='n'))
        flag=0;
```

```
        getchar();
      }
    fclose(fp);
    fp=fopen("text","r");
    while(fscanf(fp,"%s",str)!=EOF)
      {for (i=0;str[i]!='\0';i++)
         if ((str[i]>='a') && (str[i]<='z'))
            str[i]-=32;
       printf("%s\n",str);
      }
    fclose(fp);
    return 0;
 }
```

运行情况如下：

```
input string: abcdef.↙
continue? y↙
input string: ghijkl.↙
continue? y↙
input string: mnopqrst.↙
continue? n↙

ABCDEF.
GHIJKL.
MNOPQRST
```

此程序运行结果是正确的，但是如果输入的字符串中包含了空格，就会发生一些问题，例如输入：

```
input string: i am a student. ↙
```

得到的结果是：

```
I
AM

A
STUDENT.
```

把一行分成几行输出。这是因为用 fscanf 函数从文件读入字符串时，把空格作为一个字符串的结束标志，因此把该行作为 4 个字符串来处理，分别输出在 4 行上。请读者考虑怎样解决这个问题。

第二部分

常见错误分析和程序调试

第11章

常见错误分析

C 语言的功能强，方便灵活，所以得到广泛应用，它使程序设计人员有发挥聪明才智、显示编程技巧的机会。一个有经验的 C 程序设计人员可以编写出能解决复杂问题、可靠性好、运行效率高、通用性强、容易维护的高质量程序。

C 程序是由函数构成的，利用标准库函数和自己设计的函数可以完成许多功能。善于利用函数，可以实现程序的模块化，将许多函数组织成一个大的程序。正因如此，C 语言受到越来越广泛的重视，从初学者到高级软件人员，都在学习 C 语言、使用 C 语言。

但是要真正学好 C 语言、用好 C 语言，并不容易，"灵活"固然是好事，但也使人难以掌握，尤其是初学者往往出了错还不知怎么回事。C 编译程序对语法的检查不如其他高级语言那样严格(这是为了给程序人员留下"灵活"的余地)。因此，往往要由程序设计者自己设法保证程序的正确性，需要不断积累经验，提高程序设计和调试程序的水平。

笔者根据多年来从事 C 程序设计教学的经验，将初学者在学习和使用 C 语言时容易犯的错误总结归纳如下，以帮助读者尽量避免重犯这些错误。这些内容其实在教材的各章中大多都曾提到过，为便于编程和调试程序时查阅，在这里集中列举，供初学者参考。

(1) 忘记定义变量。

例如：

```
int main ()
{
  x=3
  y=6;
  printf("%d\n",x+y);
  return 0;
}
```

C 语言要求对程序中用到的每一个变量都必须先定义，在程序编译时对已定义的变量进行存储空间的分配。上面程序中没有对 x、y 进行定义。应在函数体的开头加写：

```
int  x,y;
```

C 语言要求对用到的每一个变量进行强制定义(在本函数中定义或定义为外部变量)。

(2) 输入输出的数据类型与所用格式说明符不一致。

例如,若 a 已定义为 int 型,b 已定义为 float 型:

```
int a=3;
float b=4.5;
printf("%f%d\n",a,b);
```

编译时不给出出错信息,但运行结果将与原意不符,在 Visual C++ 6.0 环境中运行的结果为:

```
0.000000 1074921472
```

在 Turbo C 2.0 环境中运行的结果为:

```
0.000000  16402
```

它们并不是按照赋值的规则进行转换(如把实数 4.5 转换成整数 4),而是将数据在存储单元中的形式按格式符的要求组织输出(如 b 在内存中占 4 字节,按浮点数方式存储,今将其在内存中的二进制存储形式按整数格式组织输出。用 Turbo C 时,由于整数只占 2 字节,所以只把变量 b 在内存中最后 2 字节中的二进制数按%d 要求作为整数输出)。

这种情况下的输出结果往往是不可预测的。在调试程序时,如遇到输出的结果是莫名其妙的,应首先考虑是否输出格式符有问题。

(3) 未注意整型数据的数值范围。Turbo C 等编译系统,对一个整型数据分配 2 字节。因此一个整数的范围为 $-2^{15}\sim2^{15}-1$,即 −32 768～32 767。常见这样的程序段:

```
int num;
num=89101;
printf("%d",num);
```

在 Turbo C 中得到的却是 23 565,原因是 89 101 已超过 32 767。2 字节容纳不下 89 101,则将高位截去,见图 11.1,即将超过低 16 位的数截去,也即将 89 101 减去 2^{16}(即 16 位二进制所形成的模):89 101−65 536=23 565。

89 101:	00 00 00	00 00 01	01 01 11 00	00 00 11 01
23 565:			01 01 11 00	00 00 11 01

图 11.1

如果用 Visual C++ 6.0,把 num 定义成 short 类型(占 2 字节)时,也会出现以上情况。

有时明明是个正数,却输出一个负数。例如:

```
num=196607;
```

输出得−1。因为 196 607 的二进制形式为:

0000000000000010	111111111111111

去掉高字节的16位(即舍弃了10),低16位的值是－1(－1的补码是111111111111 1111)。

对于超过整数范围的数,要用long型,即在用Turbo C时要改为:

```
long int num;
nim=89101;
printf("%ld",num);
```

请注意,如果只定义num为long型,而在输出时仍用"%d"说明符,也会出现以上错误。

(4) 在输入语句scanf中忘记使用变量的地址符。

例如:

```
scanf("%d%d",a,b);
```

这是许多初学者刚学习C语言时一个常见的疏忽,或者说是习惯性的错误,因为在其他语言中在输入时只需写出变量名即可,而C语言要求指明"向哪个地址标识的单元送值"。应写成:

```
scanf("%d%d",&a,&b);
```

(5) 输入数据的形式与要求不符。

用scanf函数输入数据,应注意如何组织输入数据。假如有以下scanf函数:

```
scanf("%d%d",&a,&b);
```

有人按下面的方法输入数据:

```
3,4
```

这是错的。数据间应该用空格(或Tab键,或回车符)来分隔。读者可以用:

```
printf("%d%d",a,b);
```

来验证一下。应该用以下方法输入:

```
3 4
```

如果scanf函数为:

```
scanf("%d,%d",&a,&b);
```

对scanf函数中格式字符串中除了格式说明符外,对其他字符必须按原样输入。因此,应按以下方法输入:

```
3,4
```

此时如果用"3 4"反而错了。还应注意,不能企图用:

```
scanf("input a&b: %d,%d",&a,&b);
```

想在屏幕上显示一行信息：

```
input a&b:
```

然后在其后输入 a 和 b 的值，这是不行的。如果想在屏幕上得到所需的提示信息，可以另加一个 printf 函数语句：

```
printf("input a&b:");
scanf ("%d,%d",&a,&b);
```

(6) 误把"="作为"等于"运算符。

许多人习惯性地用数学上的等于号"="作为 C 程序中的关系运算符"等于"。而在 C 语言中，"=="才是关系运算符"等于"。有人写出如下的 if 语句：

```
if (score=100)  n++;
```

本意是想统计 score 为 100 分的人数，当 score 等于 100 时就使 n 加 1。但 C 编译系统将"=" 作为赋值运算符，将" score=100"作为赋值表达式处理，把 100 赋给 score，作为 score 的新值。if 语句检查 score 是否为零。若为非零，则作为"真"；若为零，则作为"假"。今 score 经过赋值之后显然不等于 0，因此总执行 n++，不论 score 的原值是什么，都使 n 的值加 1。

这种错误在编译时是检查不出来的，但运行结果往往是错的。而且由于习惯的影响，在检查源程序时，往往设计者自己是不易发觉的。

(7) 语句后面漏分号。

C 语言规定语句末尾必须有分号，分号是 C 语句不可缺少的一部分，这也是和其他语言不同的。有的初学者往往忘记写这一分号。例如：

```
a=3
b=4;
```

在程序编译时，编译系统在"a=3"后面未发现分号，就接着检查下一行有无分号。"b=4"也作为上一行的语句的一部分，这就出现语法错误。由于在第 2 行才能判断语句有错，所以编译系统指出"在第 2 行有错"，但用户在第 2 行却未发现错误。这时应该检查上一行是否漏了分号。

如果用复合语句，有的学过 Pascal 语言的读者往往漏写最后一个语句的分号，例如：

```
{t=a;
 a=b;
 b=t
}
```

在 Pascal 中分号是两个语句间的分隔符而不是语句的一部分，而在 C 语言中，没有分号的就不是语句。

(8) 在预编译指令的末尾多加了一个分号。

预编译指令不是 C 语句，末尾不需要加分号，但是有人习惯于在每行末尾都加分号。例如：

```
#include <stdio.h>;
#define N 10;
```

这就错了。

(9) 语句未结束就加分号。

例如：

```
if (a>b);
  printf("a  is  larger  than b\n");
```

本意是：当 a>b 时输出"a is larger than b"的信息。但由于在 if (a>b)后加了分号，因此 if 语句到此结束，即当 a>b 为真时，执行一个空语句。本来想 a≤b 时不输出上述信息，但现在 printf 函数语句并不从属于 if 语句，而是与 if 语句平行的语句。不论 a>b 还是 a≤b，都输出"a is larger than b"。

又如：

```
for(i=0;i<10;i++);
 { scanf("%d",&x);
   printf("%d\n",x*x);
 }
```

本意为先后输入 10 个数，每输入一个数后输出它的平方值。由于在 for()后不经意地加了一个分号，使循环体变成了空语句。执行 for 语句的效果只是使变量 i 的值由 0 变到 10。然后输入一个整数并输出它的平方值。

这种错误往往发生在不熟悉 C 语法的初学者身上。

总之，在 if、for、while 语句中，不要画蛇添足，多加分号。

(10) 对应该有花括号的复合语句，忘记加花括号。例如：

```
sum=00;
i=1;
while(i<=100)
   sum=sum+i;
   i++;
```

本意是实现 1+2+…+100，即 $\sum_{i=0}^{100} i$，但上面的语句只是重复了 sum+i 的操作，而且循环永不终止,因为i的值始终没有改变。错误在于没有写成复合语句形式。因此,while语句的范围到其后第一个分号为止。语句“i++;”不属于循环体范围之内。应改为:

```
while (i<=100)
 { sum=sum+i;
   i++;
 }
```

(11) 括号不配对。

当一个语句中使用多层括号时常出现这类错误,纯属粗心所致。例如:

```
while((c=getchar( )!='#')
  putchar(c);
```

少了一个右括号。

(12) 在用标识符时,混淆了大写字母和小写字母的区别。

例如:

```
#define PI 3.1416926
int main()
 ( float .area,r=2.5;
   area=pi*r*r;
   return 0;
}
```

编译时出错。编译程序把PI和pi认作是两个不同的标识符处理,所以认为“变量pi未经定义”,出错。

(13) 引用数组元素时误用了圆括号。

例如:

```
int main()
{ int i,a(10);
  for(i=0;i<10;i++)
    scanf("%d",&a(i));
  return 0;
}
```

C语言中对数组的定义或引用数组元素时必须用方括号。

(14) 在定义数组时,将定义的“元素个数”误认为是“可使用的最大下标值”。

例如:

```
int main()
{ int a[10]={1,2,3,4,5,6,7,8,9,10};
  int i:
```

```
  for (i=1; i<=10; i++)
    printf("%d",a[i]);
  return 0;
}
```

编程者想输出a[1]到a[10]这10个元素,这是不可能的。C语言规定在定义数组时用a[10],表示a数组有10个元素,而不是可以用的最大下标值为10。在C语言中数组的下标是从0开始的,因此,数组a只包括a[0]到a[9]这10个元素,想引用a[10]就超出a数组的范围了。值得注意的是,在程序编译时,C编译系统对此并不报错,编译能通过,但运行结果不对。系统把a[9]后面的存储单元作为a[10]输出,这显然不是编程者的原意。由于编译系统不报错,有时编程者难以发现这类错误。要注意仔细分析运行结果。这是一些初学者常犯的错误。

(15) 对二维或多维数组的定义和引用的方法不对。

例如:

```
int main()
{ int a[5,4];
  printf("%d",a[1+2,2+2]);
  return 0;
}
```

对二维数组和多维数组在定义和引用时必须将每一维的数据分别用方括号括起来。上面a[5,4]应改为a[5][4],a[1+2,2+2]应改为a[1+2][2+2]。根据C语言的语法规则,在一个方括号中的是一个维的下标表达式,a[1+2,2+2]方括号中的"1+2,2+2"是一个逗号表达式,它的值是第二个数值表达式的值,即2+2的值为4。所以a[1+2,2+2]相当于a[4],而a[4]是a数组的第4行的首地址。因此执行printf函数输出的结果并不是a[3][4]的值,而是a数组第4行的首地址。

(16) 误以为数组名代表数组中全部元素。

例如:

```
int main()
  {int a[10]={1,3,5,7,9,11,13,15,17,19},b[10];
   b=a;
   return 0;
  }
```

企图将a数组的全部元素赋给b数组的相应元素。这是做不到的。在C语言中,数组名代表数组首地址,不代表全部元素。

(17) 混淆字符数组与字符指针的区别。

例如:

```
int main()
  { char str[4];
   str="Computer and c";
   printf ("%s\n%",str);
   return 0;
  }
```

编译出错。str是数组名,在编译时对str数组分配了一段内存单元,数组名代表数组首地址。因此在程序运行期间str是一个常量,不能再被赋值。所以,str="Computer and c"是错误的。

如果改成:

```
char * str;                    //改为指针变量
str="Computer and c";
printf ("%s\n",str);
```

该程序正确。此时str是指向字符数据的指针变量,str="Computer and c"是合法的,它将字符串的首地址赋给指针变量str,然后在printf函数语句中输出字符串"Computer and c"。

因此应当弄清楚字符数组与字符指针变量用法的区别。

(18) 在引用指针变量之前没有对它赋予确定的值。例如:

```
int main ()
{ char * p;
  scanf ("%s",p);
  return 0;
}
```

没有给指针变量p赋值就引用它,编译时给出警告信息。其实指针变量p中不是空的,而是存放了一个不可预测的值,即p指向地址为此值的存储单元,而这个存储单元中可能是存放了有用的数据的。如果执行上面的scanf语句,就将一个字符串输入到此存储单元开始的一段存储空间,这就改变了这段存储空间的原有状况,有可能破坏了系统的工作环境,产生灾难性的后果,十分危险。应当改为

```
char * p,c[20];
p=c;
scanf("%s",p);
```

即先根据需要定义一个大小合适的字符数组c,然后将c数组的首地址赋给指针变量p,此时p有确定的值,指向数组c的首元素。再执行scanf函数就没有问题了,把从键盘输入的字符串存放到字符数组c中。

(19) switch语句的各分支中漏写break语句。

例如:

```
switch(score)
{case 5:printf("Very Good!");
 case 4:printf("Good!");
 case 3:printf("Pass!");
 case 2:printf("Fail!");
 default:printf("data error!");
}
```

写上述 switch 语句的原意是希望根据 score(成绩)输出评语。但当 score 的值为 5 时，输出为

```
Very Good! Good! Pass!Fail!data error!
```

原因是漏写了 break 语句。case 只起标号的作用，而不起判断作用，因此在执行完第一个 printf 函数语句后接着执行第 2～5 个 printf 函数语句。应改为

```
switch(score)
{case 5:printf("Very good!");       break;
 case 4:printf("Good!");            break;
 case 3:printf("Pass!");            break;
 case 2:printf("Fail!");            break;
 default:printf("data error!");
}
```

(20) 混淆字符和字符串的表示形式。

例如：

```
char sex;
sex="M";
 ⋮
```

sex 是字符变量，只能存放一个字符。而字符常量的形式是用单撇号括起来的，"M"是用双撇号括起来的字符串，它包括两个字符：'M'和'\0'，无法存放到字符变量 sex 中。应改为：

```
sex='M';
```

(21) 使用自加(＋＋)和自减(－－)运算符时容易出的错误。

例如：

```
int main ()
{ int *p,a[5]={1,3,5,7,9};
 p=a;
 printf ("%d", *p++);
 return 0;
}
```

不少人认为"＊p++"的作用是先使 p 加 1,即指向第 1 个元素 a[1]处,然后输出第一个元素 a[1]的值 3。其实应该是先执行 p++,而 p++的作用是先用 p 的原值,用完后使 p 加 1。今 p 的原值指向数组 a 的第 0 个元素 a[0],因此＊p 就是第 0 个元素 a[0]的值 1。结论是先输出 a[0]的值,然后再使 p 加 1。如果是＊(++p),则先使 p 指向 a[1],然后输出 a[1]的值。

在使用++和--运算符时,一定要避免歧义性,如无把握,宁可多加括号,如上面的＊p++可改写为＊(p++)。

(22) 所调用的函数在调用语句之后才定义,而又在调用前未声明。

例如:

```
int main ()
 {float x,y,z;
  x=3.5;y=-7.6;
  z=max(x,y);
  printf("%f\n",z);
  return 0;
 }
 float max (float x,float y)
   {
      return (z=x>y? x:y):
   }
```

这个程序在编译时有出错信息。原因是 max 函数是在 main 函数之后才定义,也就是 max 函数的定义位置在 main 函数调用 max 函数之后。改错的方法可以用以下二者之一:

① 在 main 函数中增加一个对 max 函数的声明,即函数的原型:

```
int main ()
  {float max(float,float);        //声明将要用到的 max 函数为实型
   float x,y,z;
   x=3.5;y=-7.6;
   z=max(x,y);
   printf("%f\n",z);
  }
```

② 将 max 函数的定义位置调到 main 函数之前。即:

```
float max (float x,float y)
  {return (z=x>y? x:y);}

void main()
  { float x,y,z;
    x=3.5;y=-7.6;
```

```
    z=max (x,y);
    printf ("%f\n",z);
  }
```

这样,编译时不会出错,程序运行结果是正确的。提倡用第①种方法,符合规范。

(23) 对函数声明与函数定义不匹配。

如已定义一个fun函数,其首行为:

```
int fun(int x,float y,long z)
```

在主调函数中作下面的声明将出错。

```
fun(int x,float y,long z);                        //漏写函数类型
float fun(int x,float y,long z);                  //函数类型不匹配
int fun(int x,int y,int z);                       //参数类型不匹配
int fun (int x,float y);                          //参数数目不匹配
int fun(int x,long z,float y);                    //参数顺序不匹配
```

下面的声明是正确的:

```
int fun(int x,float y,long z);
int fun(int,float,long);                          //可以不写形参名
int fun(int a,float b,long c);                    //编译时不检查函数原型中的形参名
```

(24) 在需要加头文件时没有用#include指令去包含头文件。

例如,程序中用到fabs函数,没有用#include<math.h>,程序中用到输入输出函数,没有用#include<stdio.h>等。

这是不少初学者常犯的错误,至于哪个函数应该用哪个头文件,可参阅本书的主教材中附录E。

(25) 误认为形参值的改变会影响实参的值。

例如:

```
int main ()
 {int a,b;
  a=3;b=4;
  swap(a,b);
  printf ("%d,%d\n",a,b);
  return 0;
 }

void swap(int x,int y)
  (int t:
   t=x;x=y;y=t;
```

```
}
```

原意是通过调用 swap 函数使 a 和 b 的值对换,然后在 main 函数中输出已对换值的 a 和 b。但是这样的程序是达不到目的的,因为 x 和 y 的值的变化是不传送回实参 a 和 b 的,main 函数中的 a 和 b 的值并未改变。

如果想从函数得到一个以上变化的值,应该用指针变量。用指针变量作函数参数,使指针变量所指向的变量的值发生变化,即交换两个指针变量所指向的变量的内容,此时变量的值改变了,主调函数中可以利用这些已改变的值。例如:

```
int main ()
  { int a,b, * p1, * p2;
   a=3;b=4;
   p1=&a;p2=&b;
   swap(p1,p2);
   printf("%d,%d\n",a,b);        //a 和 b 的值已对换
   return 0;
  }

void swap(int * pt1,int * pt2)
  {  int temp;
     temp= * pt1; * pt1= * pt2; * pt2=temp;
  }
```

(26) 函数的实参和形参类型不一致。

例如:

```
int main ()
{ int a=3,b=4,c;
  c=fun(a,b);
     ⋮
  return 0;
  }

int fun (float x,float y)
  {
     ⋮
  }
```

实参 a、b 为整型,形参 x、y 为实型。a 和 b 的值传递给 x 和 y 时,x 和 y 得到的值并非 3 和 4,得不到正确的运行结果。C 要求实参与形参的类型一致。如果在 main 函数中对 fun 作原型声明:

```
int fun (float,float);
```

程序可以正常运行,此时,按不同类型间的赋值的规则处理,在虚实结合后 x=3.0、y=4.0。

(27) 不同类型的指针混用。

例如:

```
int main ()
 {int i=3, * p1;
  float a=1.5, * p2:
  p1=&i;  p2=&a;
  p2=p1;
  printf("%d,%d\n", * p1, * p2);
  return 0;
 }
```

企图使 p2 也指向 i,但 p2 是指向实型变量的指针,不能指向整型变量。

又如:

```
int a[10],b[5][4];
int * p=a;
p=b;                              //企图使 p 指向 b 数组
```

p 被定义为指向整型变量的指针变量,用它指向 a[0]是可以的,“int * p=a;”的用法是正确的,而“p=b;”用法不正确,因为数组名 b 代表二维数组第一行的起始地址,而不代表一个整型变量,不能用 p 指向它。以下用法是正确的:

```
p= * b;                           //p 指向 b[0][0]
p=&b[0][0];                       //p 指向 b[0][0]
```

如果指针的类型不同,不能直接赋值,可以采用强制类型转换。例如:

```
p2=(float * )p1;
```

作用是先将 p1 的值转换成指向实型的指针,然后再赋给 p2。

这种情况在 C 程序中是常见的。例如,用 malloc 函数开辟内存单元,函数返回的是指向被分配内存空间的 void * 类型的指针。而人们希望开辟的是存放一个结构体变量值的存储单元,要求得到指向该结构体变量的指针,可以进行如下的类型转换:

```
struct student
 {int num;
  char name[20];
  float score;
 };
struct student student1, * p;
p=(struct student * )malloc (LEN);
```

p是指向 struct student 结构体类型数据的指针，将 malloc 函数返回的 void * 类型的指针转换成指向 struct student 类型变量的指针。

(28) 没有注意系统对函数参数的求值顺序的处理方法。

例如有以下语句：

```
i=3;
printf ("%d,%d,%d\n",i,++i,++i);
```

许多人认为输出必然是：

```
3,4,5
```

实际不尽然。在 Turbo C 和 Visual C++ 6.0 系统中输出是：

```
5,5,4
```

因为这些系统的处理方法是：按自右至左的顺序求函数参数的值，先求出最右面一个参数(++i)的值为4，再求出第2个参数(++i)的值为5，最后求出最左面的参数(i)的值5。

如果改为下面的 printf 语句：

```
printf("%d,%d,%d\n",i,i++,i++);
```

在 Turbo C 和 Visual C++ 系统中输出是：

```
3.3.3
```

求值的顺序仍然是自右而左，但是需要注意的是：对于i++，什么时候执行i自加1的操作？由于i++是"后自加"，是在执行完 printf 语句后再使i加1，而不是在求出最右面一项的值(值为3)之后i的值立即加1，所以3个输出项的值都是i的原值。

C标准没有具体规定函数参数求值的顺序是自左至右，还是自右至左。但每个C编译程序都有自己的顺序，在有些情况下，从左到右求解和从右到左求解的结果是相同的。例如：

```
fun1(a+b,b+c,c+a);
```

fun1 是一个函数名，3个实参表达式：a+b、b+c、c+a。在一般情况下，自左至右地求这3个表达式的值和自右至左地求它们的值是一样的，但在前面举的例子是不相同的。因此，应该使程序具有通用性，不会在不同的编译环境下得到不同的结果。不使用会引起二义性的用法。如果在上例中，希望输出"3,4,5"，可以改用：

```
i=3;  j=++i;  k=++j;
printf("%d,%d,%d\n",i,j,k);
```

(29) 混淆数组名与指针变量的区别。

例如：

```
int main ()
```

```
{int i,a[5];
 for (i=0;i<5;i++)
 scanf("%d",a++);
 return 0;
}
```

企图通过 a 的改变使指针下移,每次指向下一个数组元素。它的错误在于不了解数组名代表数组首地址,它的值是不能改变的,用 a++ 是错误的,应当用指针变量来指向各数组元素。即:

```
int i,a[5], * p;
p=a;
for (i=0;i<5;i++)
    scanf ("%d",p++);
```

或

```
int a[5], * p;
for(p=a;p<a+5;p++)
  scanf("%d",p);
```

(30) 混淆结构体类型与结构体变量的区别,对一个结构体类型赋值。

例如:

```
struct worker
   {long  num;
    char name [20];
    char sex;
    int age;
   };
worker.num=187045;
strcpy(worker.name,"ZhangFun");
worker.sex='M';
worker.age=18;
```

这是错误的,struct worker 是类型名,它不是变量,不占存储单元。只能对结构体变量中的成员赋值,而不能对类型中的成员赋值。上面的程序段未定义变量。应改为:

```
struct worker
 {long  num;
  char name [20];
  char sex;
  int age;
 };
```

```
struct worker worker_1;
worker_1.num=187045;
strcpy(worker_1.name,"Zhang Fun");
worker_1.sex='M';
worker_1.age=18;
```

今定义了结构体变量 worker_1,并对其中的各成员赋值,这是合法的。

(31) 使用文件时忘记打开,或打开方式与使用情况不匹配。

例如,对文件的读写,用只读方式打开,却企图向该文件输出数据,例如:

```
if  ((fp=fopen("test","r"))==NULL)
  {printf("cannot open this file\n");
   exit (0);
  }
ch=fgetc(fp);
while (ch!='#')
  {ch=ch+4;
   fputc(ch,fp);
   ch=fget(fp);
  }
```

对以"r"方式(只读方式)打开的文件,进行既读又写的操作,显然是不行的。

此外,有的程序常忘记关闭文件,虽然系统会自动关闭所用文件,但可能会丢失数据。因此必须在用完文件后关闭它。

以上只是列举了一些初学者常出现的错误,这些错误大多是对于 C 语法不熟悉之故。对 C 语言使用多了,比较熟练了,犯这些错误自然就会减少了。在深入使用 C 语言后,还会出现其他一些更深入、更隐蔽的错误。

第 12 章

程序的调试与测试

12.1 程序的调试

所谓程序调试是指对程序的查错和排错。调试程序一般应经过以下几个步骤：

(1) 在上机前先进行人工检查，即静态检查。在写好一个程序以后，应对程序进行人工检查。这一步是十分重要的，它能发现程序设计人员由于疏忽而造成的多数错误。而这一步骤往往容易被人忽视，有人总希望把一切推给计算机系统去做，但这样就会多占用机器时间。而且，作为一个程序人员应当养成严谨的科学作风，每一步都要严格把关，不把问题留给后面的工序。

为了更有效地进行人工检查，所编的程序应注意力求做到以下几点：

① 应当采用结构化程序方法编程，以增加可读性；

② 尽可能多加注释，以帮助理解每段程序的作用；

③ 在编写复杂的程序时，不要将全部语句都写在 main 函数中，而要多利用函数，用一个函数来实现一个单独的功能。这样既易于阅读也便于调试，各函数之间除用参数传递数据这一渠道以外，数据间尽量少出现耦合关系，便于分别检查和处理。

(2) 在人工(静态)检查无误后，可以进行上机调试。通过上机发现错误称动态检查。在编译时给出语法错误的信息(包括哪一行有错以及错误类型)，可以根据提示的信息具体找出程序中出错之处并改正之。应当注意的是：有时提示的出错行并不是真正出错的行，如果在提示出错的行上找不到错误的话应当到上一行再找。

另外，有时提示出错的类型并非绝对准确，由于出错的情况繁多而且各种错误互有关联，因此要善于分析，找出真正的错误，而不要只从字面意义上死抠出错信息，钻牛角尖。

如果系统提示的出错信息多，应当从上到下逐一改正。有时显示出一大片出错信息往往使人感到问题严重，无从下手。其实可能只有一两个错误。例如，对所用的变量未定义，编译时就会对所有含该变量的语句发出出错信息，只要加上一个变量定义，所有错误就都消除了。

(3) 在改正语法错误(包括“错误”(error)和“警告”(warning))后，程序经过连接(link)

就得到可执行的目标程序。运行程序,输入程序所需数据,就可得到运行结果。应当对运行结果作分析,看它是否符合要求。有的初学者看到输出运行结果就认为没问题了,不作认真分析,这是危险的。

有时,数据比较复杂,难以立即判断结果是否正确。可以事先考虑好一批“实验数据”,输入这些数据可以得出容易判断正确与否的结果。例如,解方程 $ax^2+bx+c=0$,输入 a、b、c 的值分别为 1、-2、1 时,根 x 的值是 1。这是容易判断的,若根不等于 1,程序显然有错。

但是,用“实验数据”时,程序运行结果正确,还不能保证程序完全正确。因为有可能输入另一组数据时运行结果不对。例如,用 $x=\frac{-b\pm\sqrt{b^2-4ac}}{2a}$ 公式求根 x 的值,当 $a\neq 0$ 和 $b^2-4ac>0$ 时,能得出正确结果,当 $a=0$ 或 $b^2-4ac<0$ 时,就得不到正确结果(假设程序中未对 $a=0$ 作防御处理以及未作复数处理)。因此应当把程序可能遇到的多种方案都一一试到。例如,if 语句有两个分支,有可能在流程经过其中一个分支时结果正确,而经过另一个分支时结果不对,必须考虑周全。

事实上,当程序复杂时很难把所有的可能方案全部都试到,选择典型的情况做实验即可。

(4) 运行结果不对,大多属于逻辑错误。对这类错误往往需要仔细检查和分析能发现:

① 将程序与流程图(或伪代码)仔细对照,如果流程图是正确的话,程序写错了,是很容易发现的。例如,复合语句忘记写花括号,只要一对照流程图就能很快发现。

② 如在程序中没有发现问题,就要检查流程图有无错误,即算法有无问题,如有则改正之,接着修改程序。

(5) 有时有的错误很隐蔽,在纸面上难以查出,此时可以采用以下办法利用计算机帮助查出问题所在。

① 取“分段检查”的方法。在程序不同位置设几个 printf 语句,输出有关变量的值,以检查是否正常。逐段往下检查,直到找到在某一段中数据不对为止。这时就已经把错误局限在这一段中了。不断缩小“查错区”,就可能发现错误所在。

② 可以用“条件编译”命令进行程序调试。上面已说明,在程序调试阶段,往往要增加若干个 printf 语句检查有关变量的值。在调试完毕后,可以用条件编译命令,使这些语句行不被编译,当然也不会被执行。下面简单介绍怎样使用这种方法:

```
#define DEBUG 1                            //将标识符 DEBUG 定义为 1
       ⋮
#ifdef DEBUG                               //如果标识符 DEBUG 已被定义过
   printf("x=%d,y=%d,z=%d\n",x,y,z);       //输出 x,y,z 的值
#endif                                     //条件编译作用结束
       ⋮
```

最后3行作用是：如果标识符DEBUG已被定义过(不管定义的是什么值)，在程序编择时，包含在＃ifdef和＃endif两行当中的printf语句正常地被编译。现在，第1行已有“＃define DEBUG 1”，即标识符DEBUG已被定义过，所以当中的printf语句按正常情况进行编译，在运行时输出x、y、z的值，以便检查数据是否正确。在调试结束后，不需要这个printf语句了，只需把第1行“＃define DEBUG 1”删去，再进行编译，由于此时标识符DEBUG未被定义过，因此不对当中的printf语句进行编译并执行，不输出x、y、z的值。在一个程序中可以在多处作这样的指定。只需在最前面用一个＃define命令进行“统一控制”，如同一个“开关”一样。用“条件编译”方法，不需要逐一删除这些printf语句，使用起来方便，调试效率高。

上面用DEBUG作为控制的标识符，但也可以用其他任何一个标识符，如用A代替DEBUG也可以。我们用DEBUG是为了“见名知意”，从中可清楚地知道这是为了调试程序而设的。

③ 有的系统还提供debug(调试)工具，跟踪流程并给出相应信息，使用更为方便，请查阅有关手册。

总之，程序调试是一项细致深入的工作，需要下工夫，动脑子，善于积累经验。在程序调试过程中往往反映出一个人的水平、经验和科学态度。希望读者能给予足够的重视。上机调试程序的目的决不是为了“验证程序的正确性”，而是“掌握调试的方法和技术”。

12.2 程序错误的类型

为了帮助读者调试程序和分析程序，下面简单介绍程序出错的种类。

(1) 语法错误。即不符合C语言的语法规定，例如将printf错写为pintf、括号不匹配、语句最后漏了分号等。在程序编译时要对程序中每行作语法检查，凡不符合语法规定的都要发出“出错信息”。

“出错信息”有两类：一类是“致命错误(error)”，不改正是不能通过编译的，也不能产生目标文件.obj，因此无法继续进行连接以产生可执行文件.exe。必须找出错误并加以改正。

对一些在语法上有轻微毛病或可能影响程序运行结果精确性的问题(如定义了变量但始终未使用、将一个双精度数赋给一个单精度变量等)，编译时发出“警告(warning)”。有“警告”的程序一般能够通过编译，产生.obj文件，并可通过连接产生可执行文件，但可能会对运行结果有些影响。例如：

```
float a,b,c,aver;
a=87.5;
b=64.6;
c=89.0;
aver=(a+b+c)/3.0;
```

在编译时,会指出有4个警告(warning),分别在第2、第3、第4、第5行,Visual C++ 6.0给出的警告信息是:“truncation from 'const double' to 'float'”(数据由双精度常数传送到float变量时会出现截断)。因为编译系统把实数都作为双精度常量处理,而把一个双精度常数传送到float变量时就有可能由于数据截断而产生误差。这些警告是对用户善意的提醒,如果用户考虑到要保证较高的精度,可以把变量改为double类型,如果用户认为float类型变量提供的精度已足够,则不必修改程序,而继续进行连接和运行。

归纳起来,对程序中所有导致“错误(error)”的因素必须全部排除,对“警告(warning)”则要认真对待,具体分析。当然,做到既无错误又无警告最好,而有的警告并不说明程序有错,可以不处理。

(2) 逻辑错误。程序并无违背语法规则,也能正常运行,但程序执行结果与原意不符。这是由于程序设计人员设计的算法有错或编写程序有错,通知给系统的指令与解题的原意不相同,即出现了逻辑上的错误。例如,本书第11章列出的第9种错误:

```
sum=0;i=1
while(i<=100)
sum=sum+i;
i++;
```

语法并无错误。但由于缺少花括号,while语句的范围只包括到“sum=sum+i;”,而不包括“i++;”。通知给系统的信息是当i≤100时,执行“sum=sum+i;”,而i的值始终不变,形成一个永不终止的“死循环”。C系统无法辨别程序中这个语句是否符合作者的原意,而只能忠实地执行这一指令。

又如,求s=1+2+3+…+100,如果写出以下语句:

```
for(s=0,i=1;i<100;i++)
s=s+i;
```

语法没有错,但求出的结果是1+2+3+…+99之和,而不是1+2+3+…+100之和,原因是少执行了一次循环。这种错误在程序编译时是无法检查出来的,因为语法是正确的。计算机无法知道程序编制者是想累加100个数呢,还是想累加99个数,只能按程序执行。

这类错误属于程序逻辑方面的错误,可能是在设计算法时出现的错误,也可能是算法正确而在编写程序时出现疏忽所致。需要认真检查程序和分析运行结果。如果是算法有错,则应先修改算法,再改程序。如果是算法正确而程序写得不对,则直接修改程序。

又如有以下程序:

```
#include <stdio.h>
int main ()
{  int a=3,b=4,aver;
   scanf("%d %d",a,b);
   aver=(a+b)/2.0;
```

```
    printf("%d\n",aver);
    return 0;
}
```

编写者的原意是先对 a 和 b 赋初值 3 和 4,然后通过 scanf 函数向 a 和 b 输入新的值。有经验的人一眼就会看出 scanf 函数写法不对,漏了地址符 &,应该是:

```
scanf("%d %d",&a,&b);
```

但是,这个错误在程序编译时是检查不出来的,也不输出"出错信息"。程序能通过编译,也能运行。这是为什么呢?如果按正确的写法:"scanf("%d %d",&a,&b);",其含义是:把用户从键盘输入的一个整数送到变量 a 的地址所指向的内存单元。如果变量 a 的地址是 1020,则把用户从键盘输入的一个整数送到地址为 1020 的内存单元中,也就是把输入的数赋给了变量 a。

如果写成"scanf("%d %d",a,b);",编译系统是这样理解和执行的:把用户从键盘输入的一个整数送到变量 a 的值所指向的内存单元。如果 a 的值为 3,则把用户从键盘输入的数送到地址为 3 的内存单元中。显然,这不是变量 a 所在的单元,而是一个不可预料的单元。这样就改变了该单元的内容,有可能造成严重的后果,是很危险的。

这种错误比语法错误更难检查,要求程序员有较丰富的经验。

因此,不要认为只要通过编译的程序一定就没有问题。除了需要仔细反复地检查程序外,在程序运行时一定要注意运行情况。像上面这个程序运行时会出现异常,应及时检查出原因,并加以修正。

(3) 运行错误。有时程序既无语法错误,又无逻辑错误,但程序不能正常运行或结果不对。多数情况是数据不对,包括数据本身不合适以及数据类型不匹配。如有以下程序:

```
#include <stdio.h>
int main()
{int a,b,c;
scanf("%d,%d",&a,&b);
c=a/b;
printf("%d\n",c);
return 0;
}
```

当输入的 b 为非零值时,运行无问题。当输入的 b 为零时,运行时出现"溢出(overflow)"的错误。

如果在执行上面的 scanf 函数语句时输入:

```
456.78,34.56↙
```

则输出 c 的值为 2,显然是不对的。这是由于输入的数据类型与输入格式符%d 不匹配而引起的。

应当养成认真分析结果的习惯,不要无条件地“相信计算机”。有的人盲目相信计算机,以为凡是计算机计算并输出的总是正确的。但是,你给的数据不对或程序有问题,结果怎能保证正确呢?

12.3 程序的测试

程序调试的任务是排除程序中的错误,使程序能顺利地运行并得到预期的效果。程序的调试阶段不仅要发现和消除语法上的错误,还要发现和消除逻辑错误和运行错误。除了可以利用编译时提示的“出错信息”来发现和改正语法错误外,还可以通过程序的测试来发现逻辑错误和运行错误。

程序的测试任务是尽力寻找程序中可能存在的错误。在测试时要设想到程序运行时的各种情况,测试在各种情况下的运行结果是否正确。

从前面举的例子中可以看到,有时程序在某些情况下能正确运行,而在另外一些情况下不能正常运行或得不到正确的结果,因此,一个程序即使通过编译并正常运行而且可以得到正确的结果,还不能认为程序就一定没有问题了。要考虑是否在任何情况下都能正常运行并且得到正确的结果。测试的任务就是要找出那些不能正常运行的情况和原因。下面通过一个例子来说明。

求一元二次方程 $ax^2+bx+c=0$ 的根。

有人根据求根公式:$x_{1,2}=\dfrac{-b\pm\sqrt{b^2-4ac}}{2a}$,编写出以下程序:

```
#include <stdio.h>
#include <math.h>
int main()
  {float a,b,c,disc,x1,x2;
   scanf("%f,%f,%f",&a,&b,&c);
   disc=b*b-4*a*c;
   x1=(-b+sqrt(disc))/(2*a);
   x2=(-b-sqrt(disc))/(2*a);
   printf("x1=%6.2f,x2=%6.2f\n",x1,x2);
   return 0;
  }
```

当输入 a、b、c 的值为 1、−2、−15 时,输出 x1 的值为 5,x2 的值为 −3。结果是正确无误的。但是若输入 a、b、c 的值为 3、2、4 时,屏幕上出现“出错信息”,程序停止运行,原因是对负数求平方根了($b^2-4ac=4-48=-44<0$)。

因此,此程序只适用于 $b^2-4ac\geqslant 0$ 的情况。我们不能说上面的程序是错的,而只能说程序“考虑不周”,不是在任何情况下都是正确的。使用这个程序必须满足一定的前提($b^2-4ac\geqslant 0$),这样,就给使用程序的人带来不便。在输入数据前,必须先算一下,b^2-4ac 是否大于或等于 0。

应要求一个程序能适应各种不同的情况,并且都能正常运行并得到相应的结果。

下面分析一下求方程 $ax^2+bx+c=0$ 的根,有几种情况:

(1) $a\neq 0$ 时:

① $b^2-4ac>0$,方程有两个不等的实根:

$$x_{1,2}=\frac{-b\pm\sqrt{b^2-4ac}}{2a}$$

② $b^2-4ac=0$,方程有两个相等的实根:

$$x_1=x_2=-\frac{b}{2a}$$

③ $b^2-4ac<0$,方程有两个不等的共轭复根:

$$x_{1,2}=\frac{-b}{2a}\pm\frac{i\sqrt{4ac-b^2}}{2a}x$$

(2) $a=0$ 时,方程就变成一元一次的线性方程:$bx+c=0$。

① 当 $b\neq 0$ 时,$x=-\frac{c}{b}$。

② 当 $b=0$ 时,方程变为 $0x+c=0$。

- 当 $c=0$ 时,x 可以为任何值;
- 当 $c\neq 0$ 时,x 无解。

综合起来,共有 6 种情况:

① $a\neq 0, b^2-4ac>0$;

② $a\neq 0, b^2-4ac=0$;

③ $a\neq 0, b^2-4ac<0$;

④ $a=0, b\neq 0$;

⑤ $a=0, b=0, c=0$;

⑥ $a=0, b=0, c\neq 0$。

应当分别测试程序在以上 6 种情况下的运行情况,观察它们是否符合要求。为此,应准备 6 组数据。用这 6 组数据去测试程序的“健壮性”。在使用上面这个程序时,显然只有满足①②情况的数据才能使程序正确运行,而输入满足③~⑥情况的数据时,程序出错。这说明程序不“健壮”。为此,应当修改程序,使之能适应以上 6 种情况。可将程序改为:

```
#include <stdio.h>
#include <math.h>
int main()
```

```
{float a,b,c,disc,x1,x2,p,q;
 printf("input a,b,c: ");
 scanf("%f,%f,%f",&a,&b,&c);
 if (a==0)
   if (b==0)
     if (c==0)
       printf("It is trivial.\n");
     else
       printf("It is impossible.\n");
   else
     {printf("It has one solution: \n");
     printf("x=%6.2f\n',-c/b);
 else
   {disc=b*b-4*a*c;
    if (disc>=0)
     if (disc>0)
       {printf("It has two real solutions: \n");
        x1=(-b+sqrt(disc))/(2*a);
        x2=(-b-sqrt(disc))/(2*a);
        printf("x1=%6.2f,  x2=%6.2f\n",x1,x2);
       }
     else
       {printf("It has two same real solutions: \n");
        printf("x1=x2=%6.2f\\n",-b/(2*a));
       }
 else
     {printf("It has two complex solutions: \n");
      p=-b/(2*a);
      q=sqrt(-disc)/(2*a);
      printf("x1=%6.2f+%6.2fi,x2=%6.2f-%6.2fi\n",p,q,p,q);
     }
 }
 return 0;
}
```

为了测试程序的"健壮性",我们准备了6组数据:

① 3,4,1 ② 1,2,1 ③ 4,2,1 ④ 0,3,4 ⑤ 0,0,0 ⑥ 0,0,5

分别用这6组数据作为输入a、b、c的值,得到以下的运行结果:

①

```
input a,b,c: 3,4,1↙
It has two real solutions:
```

```
x1=-0.33,x2=-1.00
```

②

```
input a,b,c: 1,2,1↙
It has two same real solutions:
x1=x2=-1.00
```

③

```
input a,b,c: 4,2,1↙
It has two complex solutions:
x1=-0.25+0.43i,  x2=-0.25-0.43i
```

④

```
input a,b,c: 0,3,4↙
It has one solution:
x=-1.33
```

⑤

```
input a,b,c: 0,0,0↙
It is trivial.
```

⑥

```
input a,b,c: 0,0,5↙
It is impossible.
```

经过测试,可以看到程序对任何输入的数据都能正常运行并得到正确的结果。

以上是根据数学知识知道输入数据有 6 种方案。但在有些情况下,并没有现成的数学公式作依据,例如一个商品管理程序,要求对各种不同的检索作出相应的反应。如果程序包含多条路径(如由 if 语句形成的分支);则应当设计多组测试数据,使程序中每一条路径都有机会执行,观察其运行是否正常。

以上就是程序测试的初步知识。测试的关键是正确地准备测试数据。如果只准备 4 组测试数据,程序都能正常运行,仍然不能认为此程序已无问题。只有将程序运行时所有的可能情况都做过测试,才能作出判断。

测试的目的是检查程序有无“漏洞”。对于一个简单的程序,要找出其运行时全部可能执行到的路径,并正确地准备数据并不困难。但是如果需要测试一个复杂的大程序,要找到全部可能的路径并准备出所需的测试数据并非易事。例如,有两个非嵌套的 if 语句,每个 if 语句有 2 个分支,它们所形成的路径数目为 $2\times2=4$。如果一个程序包含 100 个非嵌套的 if 语句,每个 if 语句有 2 个分支则可能的路径数目为 $2^{100}\approx1.267\,651\times10^{30}$。实际上进行测试的只是其中一部分(执行概率最高的部分)。因此,经过测试的程序一般来说还不能轻易宣布为“没有问题”,只能说:“经过测试的部分无问题”。正如检查身体一样,经过内科、外科、眼科、五官科……各科例行检查后,不能宣布被检查者“没有任何病症”一样,他可能有隐蔽的、不易查出的病症。所以医院的诊断书一般写“未发现异常”,而不能写“此人身体无任何问题”。

读者应当了解测试的目的,学会组织测试数据,并根据测试的结果完善程序。

应当说,写完一个程序只能说完成任务的一半(甚至不到一半)。调试程序往往比写程序更难,更需要精力、时间和经验。常常有这样的情况:程序花一天就写完了,而调试程序两三天也未能完。有时一个小小的程序会出错五六处,而发现和排除一个错误,有时竟需要半天,甚至更多。希望读者通过实践掌握调试程序的方法和技术。

第三部分

C 语言上机指南

第 13 章

用 Turbo C++ 3.0 运行 C 程序

Turbo C++ 3.0 是 Borland 公司为 C++ 程序的编辑、编译、连接和运行而研制的集成环境。由于 C++ 是从 C 发展而来的，C 和 C++ 是兼容的，因此可以用 C++ 的编译系统对 C 程序进行编译，或者说一个 C 程序可以在 C++ 集成环境中进行调试和运行。

 进入 Turbo C++ 3.0 集成环境

为了能使用 Turbo C++ 3.0，必须先将 Turbo C++ 3.0 编译程序装入磁盘某一目录下，例如放在 C 盘根目录下一级 TC3.0 子目录下。可以通过两种方法得到 Turbo C++ 3.0 集成环境。

（1）在 DOS 环境下。如果用户的当前目录是 Turbo C++ 3.0 编译程序所在的子目录（例如 C:\TC3.0），可以在 DOS 环境下用键盘输入 DOS 命令 tc 即可：

```
C:\TC3.0>tc ↙
```

这时就执行 C:\TC3.0 子目录中的 tc.exe 文件，屏幕上出现 Turbo C++ 集成环境，如图 13.1 所示。

（2）在 Windows 环境下。先通过浏览找到 Turbo C++ 3.0 集成环境所在的子目录（如 C:\TC3.0），从中找到可执行文件 tc.exe，创建其快捷方式，并将其拉到 Windows 桌面上，用一个图标表示。双击该图标，就打开如图 13.1 所示的 Turbo C++ 集成环境。

从图 13.1 可以看到：在集成环境的上部，有一行“主菜单”，其中包括 10 个菜单项：File、Edit、Search、Run、Compile、Debug、Project、Options、Window、Help。

用户可以通过以上菜单选择使用集成环境所提供的 Turbo C++ 3.0 的各项主要功能。以上 10 个菜单项分别代表：文件操作、编辑、寻找、运行、编译、调试、项目文件、选项、窗口、帮助。用鼠标可以选择菜单条中所需要的菜单项，单击此菜单项就会出现一个下拉菜单。

如果在进入 Turbo C++ 3.0 集成环境后鼠标的形状不是箭头形状而是实心矩形，可以按 Alt＋Enter 键使鼠标的形状改变为箭头形状。

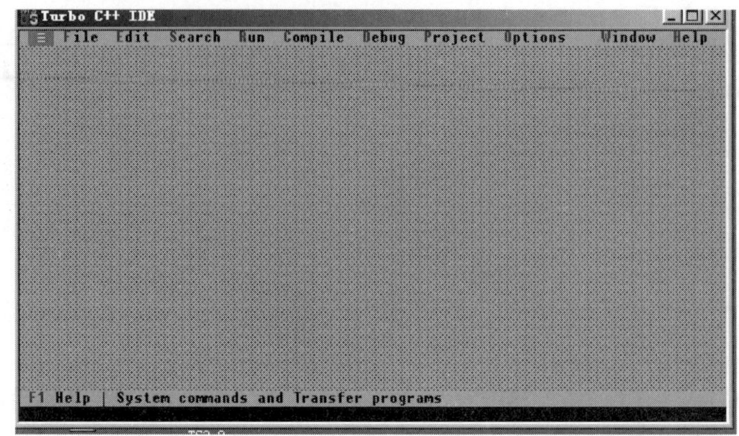

图　13.1

13.2 C源文件的建立和程序的编辑

为了建立一个新的C源程序文件,可以有两种方法。

(1) 从无到有地建立一个新的源文件 ,可以选择File菜单,然后在其下拉菜单中选择New选项,如图13.2所示 ,表示要建立一个新的C源程序。屏幕上出现如图13.3所示的界面,上部是编辑窗口,供用户输入源程序。

图　13.2

(2) 也可以利用已有的其他C源程序文件,建立一个新的C源程序文件。办法是对一个已存在的源程序进行修改。步骤如下。

① 选择File→Open(即单击File的下拉菜单中的Open项),屏幕上出现Open a File对话框,如图13.4所示。

② 在Open a File对话框中的Name文本框中输入指定的文件路径和文件名,以调出此文件。也可以只输入指定的文件路径,然后单击Open按钮,这时在下面的文件列表中会列出该目录中的全部文件的名字,可从中找到所需的文件名(最好选择一个后缀为C的文件),然后单击Open按钮。系统会将此文件调入内存并显示在如图13.3所示的编辑窗口中。此时集成环境自动设为编辑(Edit)状态。

③ 对文件内容进行修改。在编辑状态下光标表示当前进行编辑的位置,在此位置可以进行插入、删除或修改,直到满意为止。

④ 在完成编辑之后,应当保存源程序。如果打算将已修改的源程序以原来的名字保

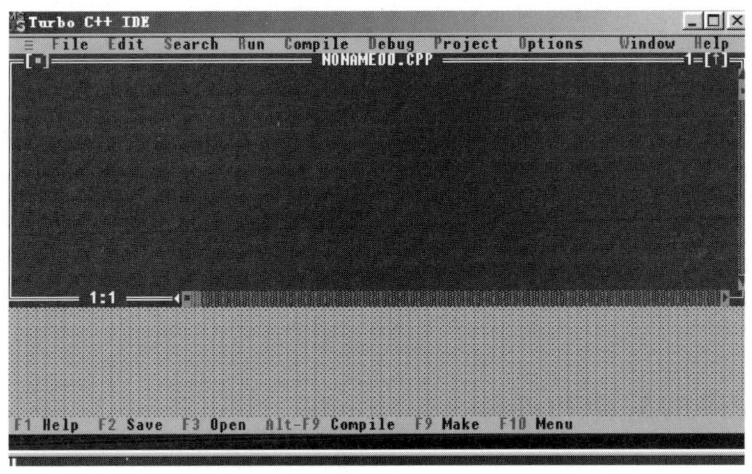

图 13.3

存,则选择 File→Save。如果该源程序是新输入的或修改后以新的文件名保存,则选择 File→Save As,并在弹出的 Save File As 对话框中的 Name 文本框中输入文件路径和文件名,单击 OK 按钮,如图 13.5 所示。这就建立了一个新的 C 源程序文件。

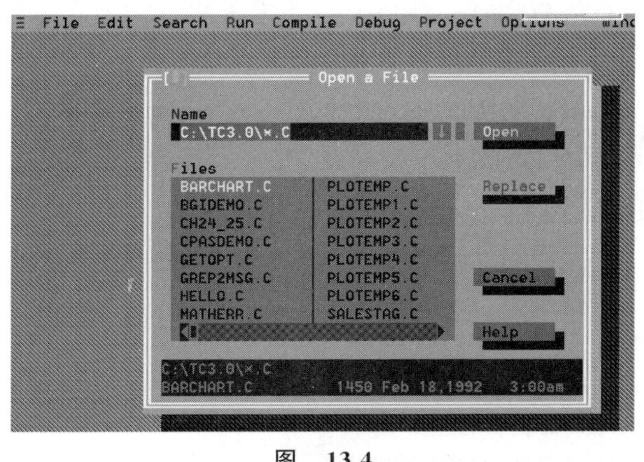

图 13.4

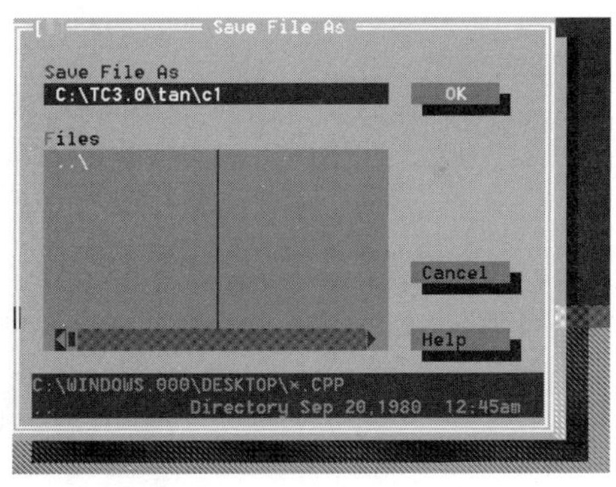

图 13.5

这种方法是很方便的。好处是可以充分利用已有程序中的有关内容(如#include 命令行、void main()行、输入输出语句等),能节省输入源程序的工作量。

说明:

(1) 尽量选择与新建文件内容比较接近的已有文件,以便尽量多地利用其可用的部分。

(2) 在进行保存文件时,必须用 File→Save As,而不要错用 File→Save,否则新的内容会取代原文件的内容(原有文件名不变,但内容更新了)。

(3) 不要在修改内容后直接进行编译,因为这时是以原来的文件名作为编译对象的,修改后的内容将更新原来文件的内容。比较稳妥的做法是打开原来的文件后,立即用 File→

Save As 以新的文件名保存,然后对这个新文件进行修改、保存和编译。这样能保证不破坏原有文件。

(4) C 程序的后缀应该是 c,如 c1.c、c2.c 等,由于现在是用 Turbo C++ 3.0 集成环境,它把源程序默认作C++ 程序。如果用户在保存源程序时文件名未加后缀,则系统会认为其是 C++ 程序,自动加上后缀 cpp,如 c1.cpp、c2.cpp 等。cpp 是 C Plus Plus 的缩写,意为C++ 。如果在输入源程序后在保存时加上后缀 c,在编译时系统能识别并编译以 c 为后缀的 C 程序。也就是说,Turbo C++ 3.0 能编译以 cpp 为后缀的C++ 源程序,也能编译以 c 为后缀的 C 源程序(按照 Turbo C++ 的语法规定进行编译)。

13.3 程序的编译和连接

选择 Compile 菜单并在其下拉菜单中选择 Compile(也可以按 Alt+F9 键),对源程序进行编译。屏幕上显示编译信息框,如图 13.6 所示。从图 13.6 可以看到: 编译 c1.cpp 源程序,出现一个错误(error),0 个警告(warning)。在按任一键后,信息框消失,在下面的信息(Message)窗口中具体地指出在哪一行发生错误以及错误的原因,光标停留在与错误有关的行上。提醒用户改正错误。在修改程序后再进行编译,直到不出现错误和警告为止。此时可在 Message 窗口中看到出现了一个后缀为 obj 的目标程序。

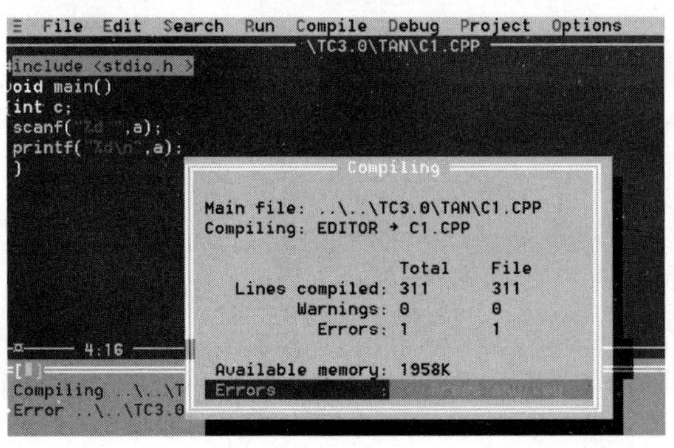

图 13.6

在编译通过以后,要把目标程序和系统提供的资源(如函数库)连接成为一个整体。方法是选择菜单 Compile→Link,如果不出现错误,会得到一个后缀为.exe 的可执行文件。应当说明的是: 如果一个程序只包含一个文件,也必须进行连接,因为还要与系统提供的资源连接。

也可以将编译和连接合为一个步骤进行。选择菜单 Compile→Make(或按 F9 键)即可一次完成编译和连接。在屏幕上会显示编译或连接时有无错误和有几个错误。按任何一个键,图 13.6 所显示的编译信息框都会消失,屏幕上会恢复显示源程序。

13.4 运行程序

选择菜单 Run→Run(或按 Ctrl+F9 键)，系统就会执行已编译和连接好的可执行文件。如果程序需要输入数据，则屏幕会切换到运行窗口，等待用户输入数据，并输出结果。但在人们未来得及看清结果之前，屏幕很快又转回程序编辑窗口。为了能看清结果，可以按 Ctrl+F5 键，此时屏幕切换到运行窗口，用户可以充分观察和分析输出结果，最后按任何一个键，屏幕会切换到编辑窗口，如图 13.7 所示。图 13.7 中第一行是用户输入给 a 的值，第二行是程序输出的结果。

图 13.7

如果发现运行结果不对，则要重新修改源程序，并重复上述 13.2 节、13.3 节和 13.4 节所介绍的步骤，直到得到正确结果为止。

13.5 退出 Turbo C++ 3.0 环境

在完成 C 语言作业后，可以选择 File→Quit，就会退出 Turbo C++ 3.0 环境，回到 Windows 环境。

以上简单介绍的是一个源程序只包括一个源文件的情况。有了这些初步知识，就可以上机调试和运行 C 程序了，下节将介绍多文件程序的编译和连接的方法。

13.6 对多文件程序进行编译和连接

前面介绍了单文件程序的编译、连接和运行的方法。如果一个源程序包含多个文件模块，怎样进行编译、连接和运行呢？应当对各源程序文件分别进行编译，得到多个 obj 文件(每个源文件编译后生成一个 obj 文件)，然后将这些目标文件和库函数等系统资源连接成一个可执行文件(后缀为 exe)。

Turbo C++ 3.0 提供了对多文件程序进行编译和连接的简便方法：先将这些源文件组成一个项目(project)，为此要建立一个项目文件，在该文件中包含各源文件的名字，然后对该项目文件进行统一的编译和连接，就可以得到可执行文件 exe。

具体步骤如下(以对教材第 7 章例 7.21 程序进行的操作为例)：

(1) 建立项目文件。选择 Project→Open Project，此时弹出 Open Project File 对话框，如图 13.8 所示。

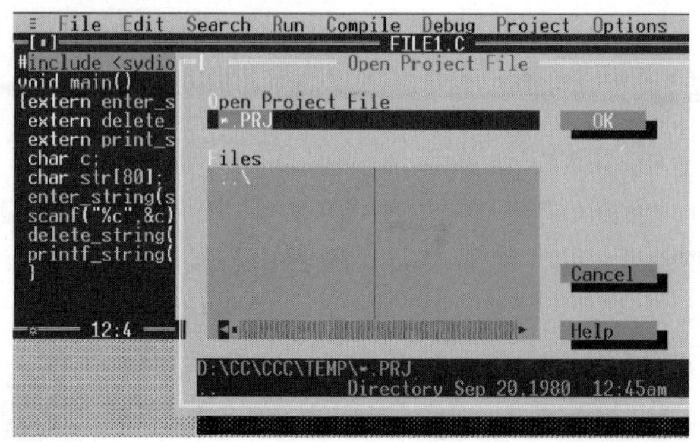

图 13.8

在其中的 Open Project File 文本框中输入项目文件的文件路径和文件名(如果文件准备放在当前目录下,可以不必输入文件路径。当前目录可以从 Open Project File 对话框的下部看出,例如图 13.8 中显示的当前目录是 D:\CC\CCC\TEMP)。现在输入的项目文件名为 PROJECT1.PRJ。注意:项目文件名的后缀为 RPJ。

(2) 将源程序文件放到项目文件中。选择 Project→Add item,此时弹出 Add to Project List 对话框,如图 13.9 所示。在 Name 文本框中输入源程序文件名,先输入 FILE1.C,然后单击 Add 按钮,这时就将 D:\CC\CCC\TEMP 目录下的源程序文件 FILE1.C 增加到项目文件 PROJECT1.PRJ 中了。接着输入其他源程序文件名 FILE2、FILE3、FILE4。

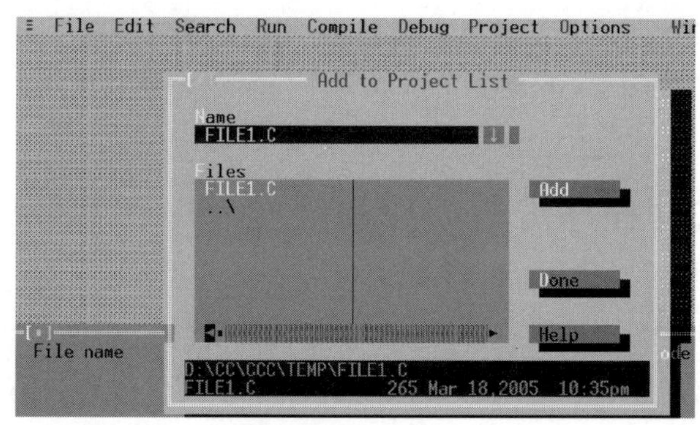

图 13.9

在输入完全部源程序文件名后,单击 Done 按钮,这时结束向项目文件输入源文件名的过程。在 Turbo C++ 的下部窗口(信息窗口)中显示了项目文件的信息:在项目文件 PROJECT1 中包含了 4 个源文件 FILE1.C、FILE2.C、FILE3.C 和 FILE4.C,如图 13.10 所示。

(3) 编译和连接。选择 Compile→Compile 进行编译。对多文件程序的编译与对单文件程序的编译有所不同。系统首先查找有无项目文件(prj 文件),如果在 Project name 中指

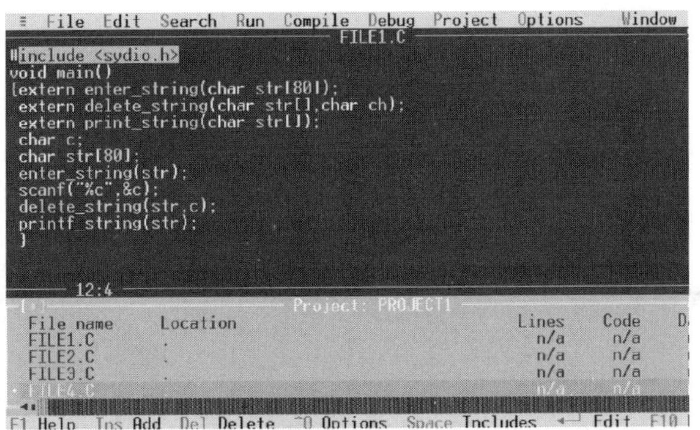

图 13.10

定了当前有效的项目文件，则系统优先编译该项目中的文件，而不是编译编辑窗口中的文件。由于前面已建立了项目文件 PROJECT1，并且包含了 FILE1.C、FILE2.C、FILE3.C、FILE4.C，因此，编译系统就会编译当前项目文件 PROJECT1.PRJ。如果在编译过程中发现程序有错，系统会分别指出哪一个源程序文件中哪一行有错，用户可以选择 File→Open，在弹出的 Open a File 对话框(如图 13.11 所示)中选择所需的源程序文件进行修改，然后再进行编译，直到无错为止。

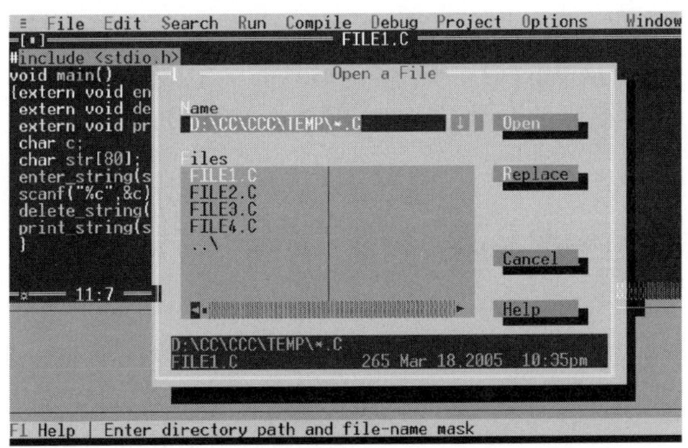

图 13.11

在通过编译后，选择 Compile→Link 进行连接，如果不出错，则生成可执行文件 PROJECT1.EXE(可执行文件名与项目文件名相同，后缀不同)。

也可以将编译和连接合并为一步，选择 Compile→Build 或 Compile→make，如不出错，即可生成可执行文件 PROJECT1.EXE。

(4) 运行。选择 Run→Run，运行此程序。

说明：

(1) 注意项目文件和源文件的路径。最好将项目文件和源文件放在同一子目录下，以便于操作。

(2) 如果希望从项目文件中删去某一文件,可以在激活项目窗口后,选择 Project→Delete Item,如图 13.12 所示。选择需要删除的文件,文件名左侧有圆点标记的(如图 13.12 中的 FILE4.C)就是需要删除的文件。单击菜单中的 Delete Item,就能将此文件从项目文件中删除。

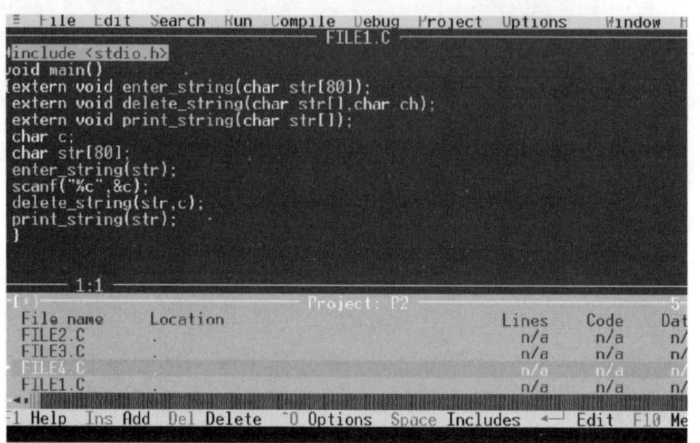

图 13.12

(3) 应该特别注意:在处理完一个多文件程序的编译和连接后,应及时关闭项目文件(选择 Project→Close Project),否则就会在下一次编译其他程序时仍然把项目文件 PROJECT1.PRJ 当作编译的对象,而不是编译在编辑窗口中的源文件。

13.7 程序动态调试方法

编译和连接没有错误不等于运行结果一定正确。编译系统能检查出语法错误,但无法检查出逻辑错误。下面介绍两种动态调试方法。

13.7.1 按步执行方法

这种方法的特点是:程序一次执行一行。每执行完一行后,就停下来,用户可以检查这时各有关变量和表达式的值,以便帮助发现问题所在。

例 13.1 有一个程序,它的作用是输入三角形的 3 个边,输出三角形的面积。利用以下公式:

$$三角形面积=\sqrt{s(s-a)(s-b)(s-c)}$$

其中 $s=(a+b+c)/2$。

程序为:

```
#include <stdio.h>
#include <math.h>
int main()
{float a,b,c,s,area;
 scanf("%f,%f,%f",&a,&b,&c);
 s=(a+b+c)/2;
 area=sqrt(s*(s-a)*(s-b)*(s-c));
 printf("area=%d\n",area);
 return 0;
}
```

这个源程序没有语法错误,顺利通过编译和连接。在运行时如输入为

2.5,3.6,4.7↙

则输出结果为

```
area=0
```

这个结果显然是不对的。用户可能难以很快地找出错误的原因,这时可以采用按步执行的方法,检查每一步的正确性。

按 F7 键,可以看到在编辑窗口中的源程序中的主函数 void main()处用高亮度显示,表示准备进入 main 函数。同时可以看到屏幕下部的 message 窗口变成了 Watch 窗口,它是作为观察数据用的,如图 13.13 所示。

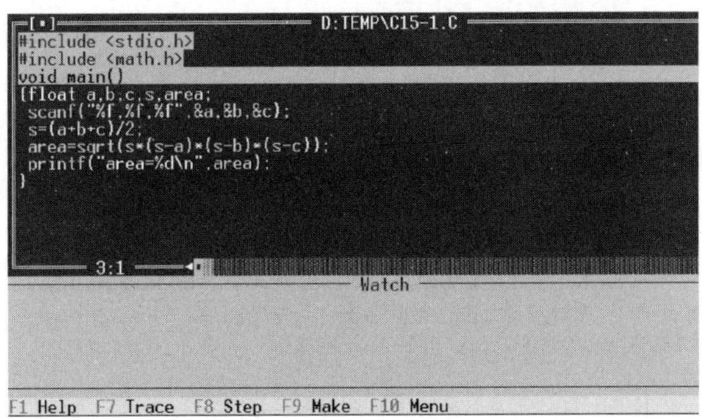

图 13.13

再按一次 F7 键,亮条移到程序的第 5 行(第 4 行是对变量的定义,不是执行语句,故被跳过)。此时已进入了 main 函数和左花括号,但并未开始执行第 5 行,只是表明下一步要执行此行。再按一次 F7 键,此时执行第 5 行,由于该行是 scanf 函数语句,需要输入数据,所以切换到用户屏,用户在此处输入:

2.5, 3.6 , 4.7↙

在按 Enter 键后,屏幕显示切换到编辑窗口,亮条移到第 6 行,表示第 5 行已执行完毕。再按一次 F7 键,亮条移到 main 函数的第 7 行,表示第 6 行已执行完毕。此时可以检查一下有关变量的值是否正确。按 Ctrl+F7 键,在编辑窗口中出现一个观察数据的输入框,如果想查看变量 a 的值,就在此框内输入字符 a,如图 13.14 所示。

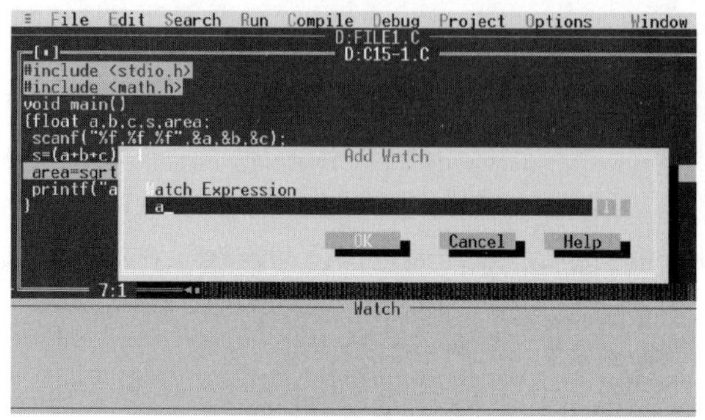

图 13.14

在按 Enter 键后,该输入框消失,在屏幕下部的 Watch 窗口显示出 a 的当前值 2.5,如图 13.15 所示。

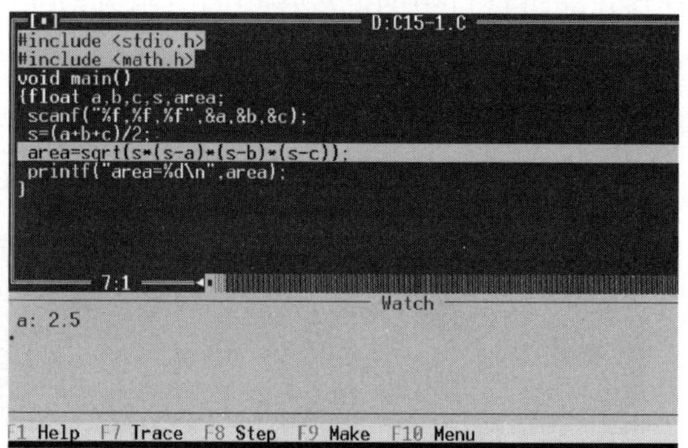

图 13.15

如果还想查变量 b 的值,需要重新按 Ctrl+F7 键,并在 Add Watch 框内输入字符 b,然后按 Enter 键,在 Watch 窗口看到变量 b 的值 3.6,用同样方法得到变量 c 的值 4.7,变量 s 的值 5.4。现在,在 Watch 窗口中的信息如下:

```
a: 2.5
b: 3.6
c: 4.7
s: 5.4
```

这些值都是正确的。应再继续运行,检查后面的语句有无问题。再按一次 F7 键,亮条移到第 9 行，表示第 7 行已执行完毕。此时，按 Ctrl+F7 键，并在 Add Watch 文本框内输入 area，并按 Enter 键，在 Watch 窗口中显示出 area 的值是 4.442 025，而不是 0。经大致估计，三角形面积差不多等于此值。那么为什么 printf 函数会输出 0 呢？再按 F7 键，亮条移到第 9 行，表示第 8 行已执行完毕。再按 Ctrl+F7 键并在 Add Watch 文本框内输入 area，然后按 Enter 键，在 Watch 窗口中显示出 area 的值仍然是 4.442 025，说明 area 的值是对的，而 printf 的输出不对。由于 printf 函数语句已执行完，应当在用户屏上有输出，按 Alt+F5 键观察用户屏上的显示，发现输出结果为 area=0。至此，出错的范围已缩得很小了，就在 printf 函数语句内，肯定是输出格式有问题，而导致未能正确输出数据。经仔细检查，发现用了输出整数的格式符%d，这就查出了出错的原因。将%d 改为%f，再用 Ctrl+F9 键运行程序，在输入 2.5,3.6,4.7 之后，输出结果为

```
area=4.442025
```

结果正确。

以上通过一个简单的例子详细地介绍了用按步执行的方法来进行动态调试。实际上，对这种简单的程序，许多人可能很快就能查出错误所在，而不必采用按步执行方法，我们无非是通过这个例子来说明如何使用 F7 键和 Ctrl+F7 键来检查程序的错误。

上面是用功能键来实现按步执行的，也可以不用功能键而通过选择菜单命令来实现。用 Run 下拉菜单中的 Trace into 命令，也能使程序按步执行，相当于按一次 F7 键（如图 13.16 所示，图中 Trace into 的右面注明 F7，表示二者等价）。

选择 Debug→Watches→Add watch（如图 13.17 所示），也可以得到 Add watch 输入对话框，这相当于按一次 Ctrl+F7 键（可从图 13.17 中 Add watch 右面的 Ctrl+F7 看出）。

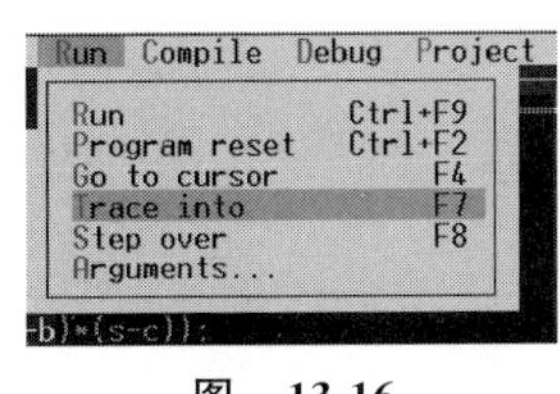

图 13.16

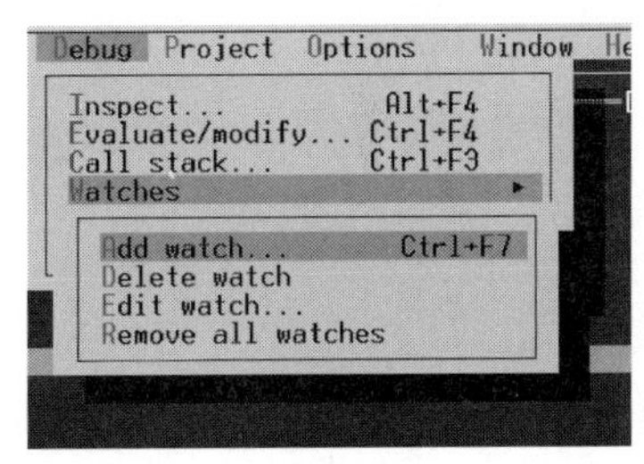

图 13.17

显然，用功能键比用菜单选择方便得多。

13.7.2 设置断点方法

按步执行法能有效地、一行一行地检查所感兴趣的数据的值，但是如果程序很长，是难以逐行进行检查的。对于一个较长的程序，常用的方法是在程序中设若干个断点，程序执行到断点时暂停，用户可以检查此时有关变量或表达式的值，如果未发现错误，就使程序继续执行到下一个断点，如此一段一段地检查。这种方法实质上是把一个程序分割成几个分区，

逐区检查有无错误,这样就可以将找错的范围从整个程序缩小到一个分区,然后集中精力检查有问题的分区。再在该分区内设若干个断点,把一个分区分成几个小区,然后寻找有错的小区。用这种方法不断缩小找错的范围直到找到出错点。

设断点的方法是:将光标移到某一行上,然后按 Ctrl+F8 键,此行就以颜色条覆盖,作为断点行。如果想取消断点行,也是将光标移到断点行上,再按一次 Ctrl+F8 键,颜色条消失,该行就不再是断点行。运行时遇断点行暂停,此时,用户可以用前面介绍过的方法查看有关变量和表达式的值。如果想继续运行,再按一次 Ctrl+F9 键即可。

下面通过一个简单的程序介绍如何使用断点行。

例 13.2 求解一元二次方程式 $ax^2+bx+c=0$ 的根。

众所周知,假设方程有两个实根 x_1 和 x_2,则:

$$x_1=p+q, \qquad x_2=p-q$$

其中:$p=\dfrac{-b}{2a}$, $q=\dfrac{\sqrt{b^2-4ac}}{2a}$。

程序如下:

```
#include <stdio.h>
#include <math.h>
int main()
{float a,b,c,disc,p,q,x1,x2;
 scanf ("%f,%f,%f",&a,&b,&c);
 disc=b*b-4*a*c;
 p=-b/(2*a);
 q=sqrt (disc)/(2*a);
 x1=p+q;
 x2=p-q;
 printf ("x1=%d, x2=%d\n",x1,x2);
 return 0;
}
```

按 Ctrl+F9 键使此程序运行,输入 a、b、c 的值 1、2、1,在结束运行后,用 Alt+F5 键观察用户屏,发现输出为:x1=0,x2=0。这显然不对。

为了找出问题所在,想在程序中第 7 行和第 12 行设置断点,把光标先后移到这两行,并按 Ctrl+F8 键,这两行就被红色条覆盖,如图 13.18 所示。

按 Ctrl+F9 键运行程序,执行到 scanf 函数语句时,切换到用户屏,输入 a、b、c 的值,假设输入:

<u>1, 2, 1</u>↙

程序继续执行到第一个断点行暂停。请注意是遇断点行即暂停,所以断点行并未被执行,只执行到断点行的上一行。想查看变量 disc 的值,按 Ctrl+F7 键,得到 Add watch 输入

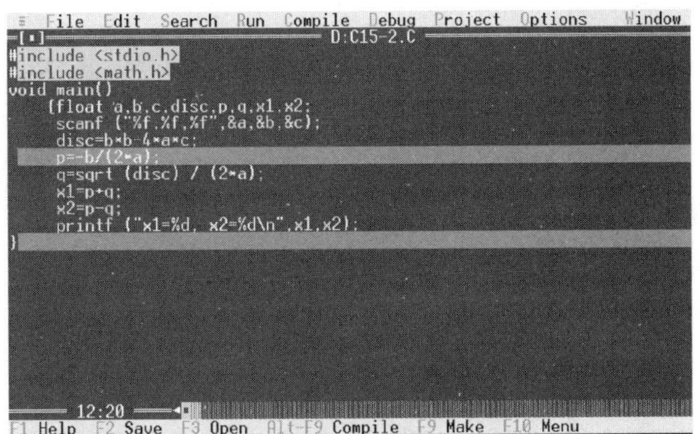

图 13.18

框，输入变量名 disc，在 Watch 窗口显示出 disc：0.0。根据数学知识，判别式 $disc=b^2-4ac$ 应大于或等于 0，才能有两个实根。现在 disc＝0，方程应有两个相等的实根。到目前为止，并未发现程序有错误。再按 Ctrl＋F9 键使程序继续运行，到第二个断点暂停。第二个断点是右花括号，也就是执行完 printf 函数语句之后暂停。此时再用按 Ctrl＋F7 键的方法查 x1 和 x2 的值，从 Watch 窗口看到 x1 和 x2 的值均为－1.0，这是正确的。可见计算结果没有问题，问题出在输出格式，x1 和 x2 是实数，但用了％d 格式符，所以出现错误。

将 printf 函数中的％d 改为％f，再运行程序，输出为

```
x1=-1.000000,  x2=-1.000000
```

结果完全正确。再运行一次（断点行不变），这次输入 a、b、c 的值改为 2、3、5，到第一个断点行暂停，用 Ctrl＋F7 键检查 disc 的值，在 Watch 窗口看到 disc：－31.0，方程应有两个复根，而本程序只能计算实根，disc 为负值在计算平方根时会出现错误，为证明这一点，将 x1＝p＋q；行设为断点行，按 Ctrl＋F9 键继续运行，执行 q＝sqrt(disc)/(2 * a)；时屏幕闪了一下（这是程序向用户屏输出信息，然后又切换回 TC 窗口而产生的），用 Alt＋F5 键观察用户屏，看到有出错信息：

```
sqrt: DOMAIN error
```

表示在调用 sqrt 函数时出错（sqrt 要求数值不小于 0，用负数超出有效范围），在运行中出现这种错误，程序就中断运行，因此也不会出现 printf 函数的输出。

这个错误是由于输入 a、b、c 的值不恰当而造成的，程序本身并无错误，不需要修改程序，在以后运行时应注意使 a、b、c 的值满足 $b^2-4ac\geqslant 0$。

在用按步执行方法或设置断点行方法找错的过程中，还可以使用 Turbo C++ 的 Debug 菜单提供的调试工具。Debug 菜单中的 Evaluate/modify（求值/修改）命令（如图 13.19 所示），从菜单中可以看到 Ctrl＋F4 键与 Evaluate 命令等价。它的作用不仅可以查看有关变量和表达式的值，还可以修改它们的值，以帮助用户调试程序。通过下面的例子

可以知道使用它的方法。

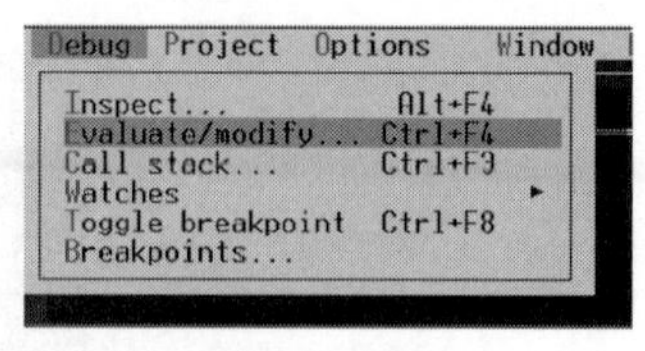

图 13.19

例 13.3 如果希望一元二次方程 $ax^2+bx+c=0$ 有实根,当输入系数 a、b、c 后,若 disc<0,要求修改系数,但不改 a 和 c,只改 b 的值,找出满足 disc≥0 时 b 的最小整数(绝对值)。

为了找出合适的 b 值,可以在例 13.2 的基础上修改程序。

```
#include <stdio.h>
#include <math.h>
int main()
{float a,b,c,disc,p,q,x1,x2;
 scanf("%f,%f,%f",&a,&b,&c);
 do
  {disc=b*b-4*a*c;
   }while(disc<0);
     p=-b/(2*a);
     q=sqrt(disc)/(2*a);
     x1=p+q;
  x2=p-q;
  printf("x1=%F, x2=%F\n",x1,x2);
  return 0;
}
```

程序中设了一个 do-while 循环,用来计算在不同的 b 值时 disc 的值,在循环体中并没有用任何语句给 b 赋值,准备用调试工具来修改 b 的值。

今用按步执行方法,连续按 3 次 F7 键后,屏幕显示切换到用户屏,要求输入 a、b、c 的值,现在输入 2、3、5,按 Enter 键后,切换回 TC 窗口,亮条移到第 7 行。再按一次 F7 键,亮条移到第 8 行,此时已计算出 disc 的值,想查看 disc 的值,按 Ctrl+F4 键(即执行 Debug 菜单中的 Evaluate/modify 命令),此时屏幕上弹出 Evaluate and Modify 对话框,内有 3 个文本框,分别为 Expression(需求值的表达式)、Result(求出的结果)、New Value(赋予的新值),现在想知道 disc 的值,就在 Expression 文本框内输入 disc,单击 Evaluate 按钮(或按 Enter 键),在 Result 文本框内显示出 disc 的值为−31.0,如图 13.20 所示。

由于 disc<0,按题目要求,应修改 b 的值,为了修改 b 的值,在 Expression 文本框内把内容改为 b,单击 Evaluate 按钮,在 Result 文本框内显示 b 的值 3.0,把光标移到 New Value 文本框,输入 b 的新值 4,单击 Modify 按钮,表示确认修改,此时在 Result 栏内显示 b 的新值4.0,如图 13.21 所示。

单击 Cancel 按钮,Evaluate and Modify 对话框消失,回到程序窗口。准备继续执行程序,请注意:在下面的运行中,变量 b 将以新值参加运算。再按一次 F7 键,亮条移到第 7 行(这是由于刚才 disc<0 而继续执行循环),但还未执行此行。再按一次 F7 键,亮条移到第 8 行,disc 已被赋予新值。现在再用 Ctrl+F4 键执行 Evaluate/ Modify 命令,在 Expression

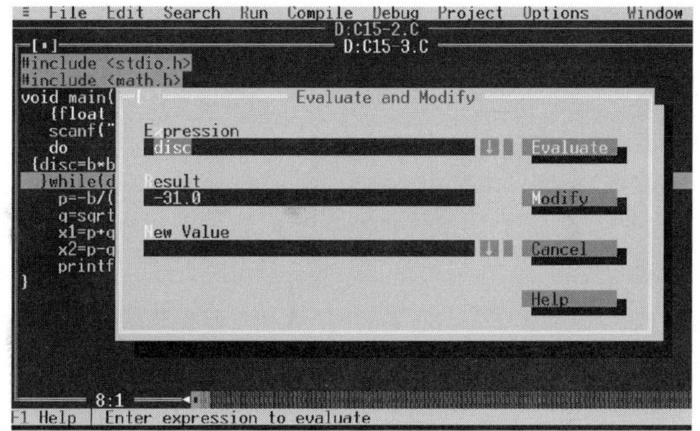

图 13.20

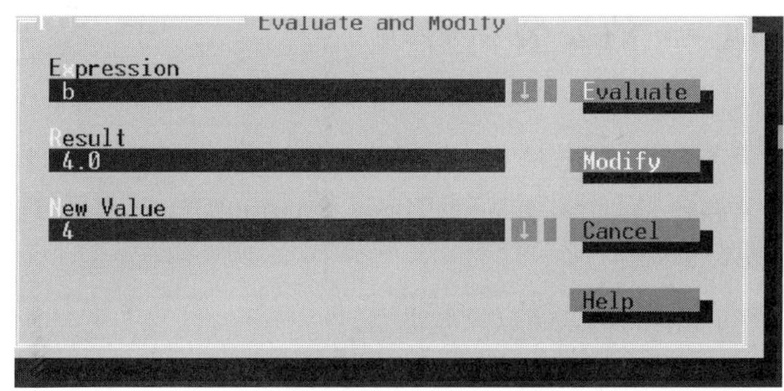

图 13.21

文本框中输入 disc,在 Result 文本框内显示 disc 的值为 −24.0,仍然小于 0,这说明 b 的值还不够大。将 Expression 栏中的内容改为 b,再单击 Evaluate 按钮,在 Result 文本框内显示 b 当前的值为 4.0,把光标移到 New Value 文本框,输入 b 的新值 5,单击 Modify 按钮,此时在 Result 文本框内显示 b 的新值 5.0。再单击 Cancel 按钮,Evaluate and Modify 对话框消失,回到程序窗口。再按两次 F7 键,用同样方法查出 disc 的值为−15.0,b 还不够大,再用同样方法输入 b 的新值 6,对应的 disc 值为−4.0,再将 b 改为 7,对应的 disc 值为 9.0,变成正值了。可以确定 b=7 就是结果。单击 Cancel 按钮,再连续按 7 次 F7 键,直到程序结束。用 Alt+F5 键观察运行结果,知道 x1=−1,x2=−2.5。

实际上,对这样简单问题的调试不一定要经过这样麻烦的步骤,用其他方法也很容易解决,我们只是通过此例的详细步骤来说明如何运用调试工具。

注意:在调试过程中改变变量的值,只在本次运行中有效,程序运行结束后就不起作用了。

以上只是初步介绍了使用调试工具调试程序的方法。在此基础上,读者可以进一步掌握系统提供的其他调试工具,以便更有效地进行调试工作。

第 14 章

用 Visual C++ 6.0 运行 C 程序

C 源程序可以在 Visual C++ 6.0 集成环境中进行编译、连接和运行。

14.1 Visual C++ 的安装和启动

如果计算机中未安装 Visual C++ 6.0，则应先安装 Visual C++ 6.0。Visual C++ 是 Visual Studio 的一部分，因此需要找到 Visual Studio 的光盘，执行其中的 setup.exe，并按屏幕上的提示进行安装即可。

安装结束后，在 Windows 的“开始”菜单的“程序”子菜单中就会出现 Microsoft Visual Studio 子菜单。

在需要使用 Visual C++ 时，只需从桌面上顺序选择“开始”→“程序”→Microsoft Visual Studio→Visual C++ 6.0 即可，此时屏幕上在短暂显示 Visual C++ 6.0 的版权页后，出现 Visual C++ 6.0 的主窗口，如图 14.1 所示。

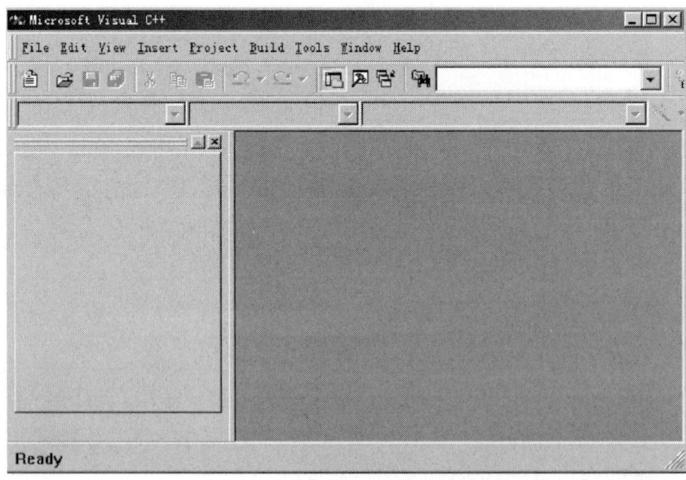

图 14.1

也可以先在桌面上建立 Visual C++ 6.0 快捷方式的图标，这样在需要使用 Visual C++ 时只需双击桌面上的该图标即可，此时屏幕上会弹出如图 14.1 所示的 Visual C++ 主窗口。

在 Visual C++ 主窗口的顶部是 Visual C++ 的主菜单栏。其中包含 9 个菜单项：File（文件）、Edit（编辑）、View（查看）、Insert（插入）、Project（项目）、Build（构建）、Tools（工具）、Window（窗口）、Help（帮助）。

以上各项在括号中的是 Visual C++ 6.0 中文版中的中文显示，以使读者在使用 Visual C++ 6.0 中文版时便于对照。

主窗口的左侧是项目工作区窗口，右侧是程序编辑窗口。工作区窗口用来显示所设定的工作区的信息，程序编辑窗口用来输入和编辑源程序。

14.2 输入和编辑源程序

先介绍最简单的情况，即程序只由一个源程序文件组成，即单文件程序（有关对多文件程序的操作在本章的稍后介绍）。

14.2.1　新建一个 C 源程序的方法

如果要新建一个 C 源程序，可采取以下的步骤：

在 Visual C++ 主窗口的主菜单栏中单击 File（文件），然后在其下拉菜单中单击 New（新建），如图 14.2 所示。

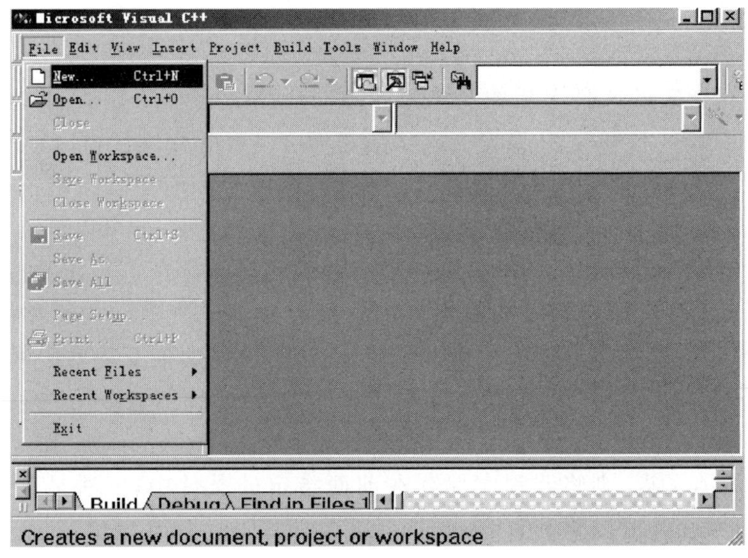

图　14.2

屏幕上出现一个New(新建)对话框,如图14.3所示。单击此对话框的左上角的Files(文件)选项卡,其中有C++ Source File选项,表示这项的功能是建立新的C++源程序文件。由于Visual C++ 6.0既可以用于处理C++源程序,也可以用于处理C源程序,因此,选择C++ Source File选项。然后在对话框右半部分的Location(目录)文本框中输入准备编辑的源程序文件的存储路径(今假设为D:\CC),表示准备编辑的源程序文件将存放在D:\CC子目录下。在右侧的File(文件)文本框中输入准备编辑的源程序文件的名字(今输入c1_1.c)。表示要建立的是C源程序,这样,即将进行输入和编辑的源程序就以c1_1.c为文件名存放在D盘的C++目录下。当然,读者完全可以指定其他路径名和文件名。

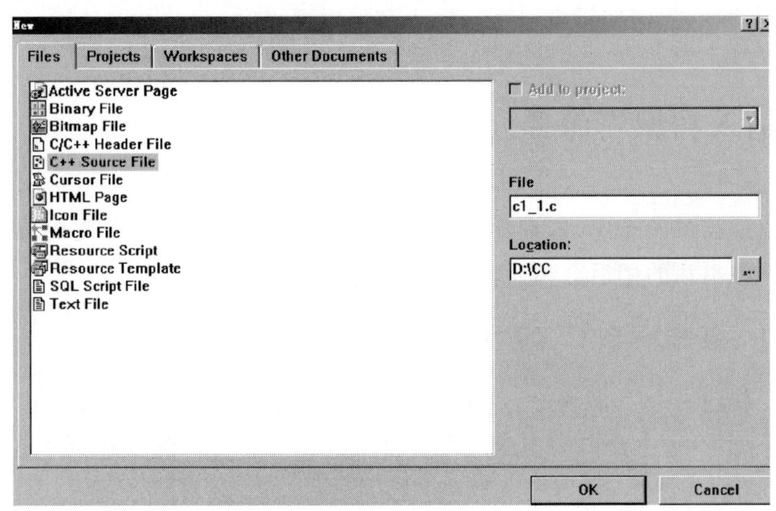

图 14.3

注意我们指定的文件名后缀为c,如果输入的文件名为c1_1.cpp,则表示要建立的是C++源程序。如果不写后缀,系统会默认指定为C++源程序文件,自动加上后缀cpp。

在单击OK按钮后,回到Visual C++主窗口,由于在前面已指定了路径(D:\CC)和文件名(c1_1.c),因此在窗口的标题栏中显示出D:\CC\c1_1.c。可以看到光标在程序编辑窗口闪烁,表示程序编辑窗口已激活,可以输入和编辑源程序了。输入教材第1章中的例1.1程序,如图14.4窗口中所示。在输入过程中我们故意出现些错误。如用户能及时发现错误,可以利用全屏幕编辑方法进行修改编辑。在图14.4的最下部的中间,显示了Ln 6,Col 2,表示光标当前的位置在第6行第2列,当光标位置改变时,显示的数字也随之改变。在对程序进行编辑时,这个显示是有用的。

如果经检查无误,则将源程序保存在前面指定的文件中,方法是:在主菜单栏中选择File(文件),并在其下拉菜单中选择Save(保存)项,如图14.5所示。

也可以用Ctrl+S键来保存文件。

如果不想将源程序存放到原先指定的文件中,可以不选择Save项,而选择Save As(另

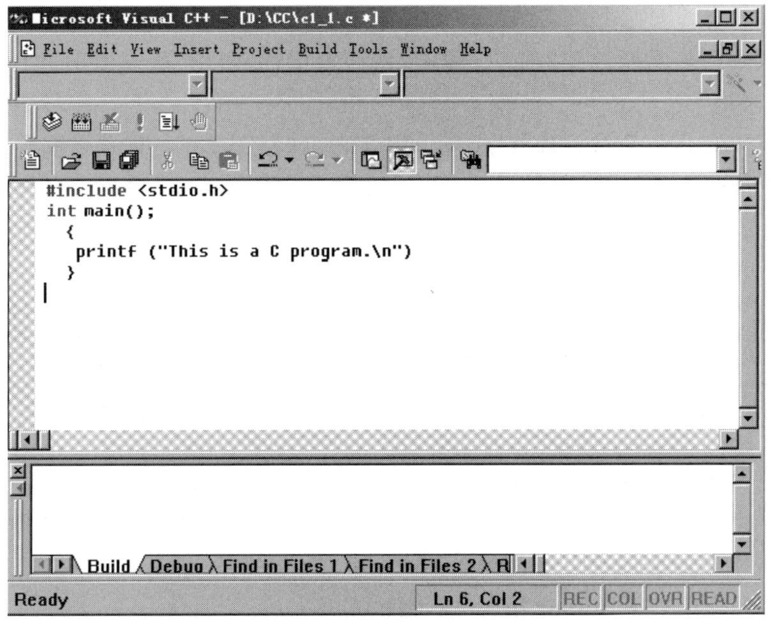

图　14.4

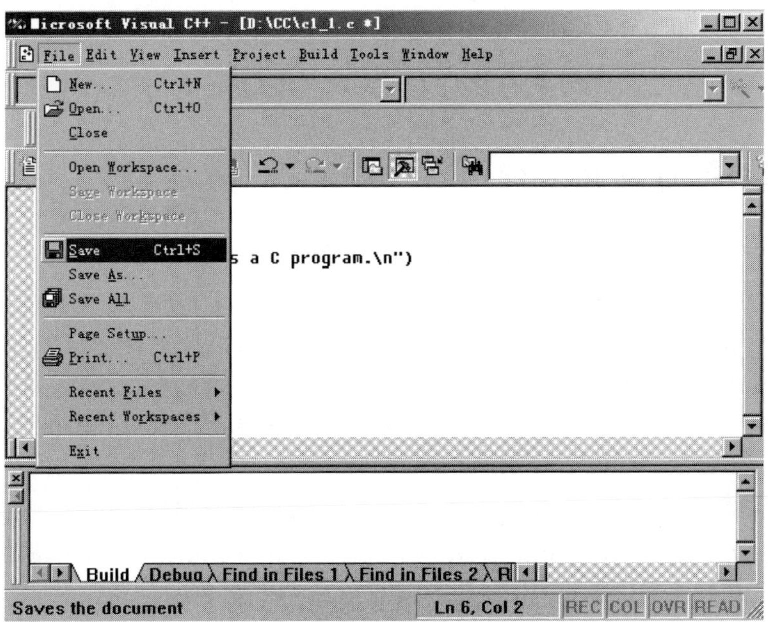

图　14.5

存为)项,并在弹出的 Save As(另存为)对话框中指定文件路径和文件名。

14.2.2 打开一个已有的程序

如果用户已经编辑并保存过C源程序，而希望打开自己所需要的源程序文件，并对它进行修改，方法是：

(1) 在"Windows资源管理器"或"我的电脑"中按路径找到已有的C程序名(如c1_1.c)。

(2) 双击此文件名，则自动进入了Visual C++ 集成环境，并打开了该文件，程序显示在编辑窗口中。也可以选择File→Open菜单或按Ctrl+O键，或单击工具栏中的Open小图标来打开Open对话框，从中选择所需的文件。

(3) 如果在修改后，仍保存在原来的文件中，可以选择File(文件)→Save(保存)，或用Ctrl+S键或单击工具栏中的小图标来保存文件。

14.2.3 通过已有的程序建立一个新程序的方法

如果已经编辑并保存过C源程序(而不是第一次在该计算机上使用Visual C++)，则可以通过一个已有的程序来建立一个新程序，这样做比重新输入一个新文件省事，因为可以利用原有程序中的部分内容。方法是：

(1) 打开任何一个已有的源文件(例如c1_1.c)。

(2) 利用该文件修改成新的文件，然后通过File(文件)→Save As(另存为)将它以另一文件名另存(如以c1_2.c名字另存)，这样就生成了一个新文件c1_2.c。

用这种方法很方便，但应注意在保存新文件时，不要错用File→Save(保存) 操作，否则原有文件(c1_1.c) 的内容就被修改了。

 14.3 编译、连接和运行

14.3.1 程序的编译

在编辑和保存了源文件(如c1_1.c)以后，若需要对该源文件进行编译，单击主菜单栏中的Build(编译)，在其下拉菜单中选择Compile c1_1.c(编译c1_1.c)项，如图14.6所示。由于建立(或保存)文件时已指定了源文件的名字c1_1.c，因此在Build菜单的Compile项中就自动显示了当前要编译的源文件名c1_1.c。

在单击编译命令后，屏幕上出现一个对话框，内容是This build command requires an active project workspace,Would you like to creat a default project workspace? (此编译命令要求一个有效的项目工作区，你是否同意建立一个默认的项目工作区)，如图14.7所示。单击"是(Y)"按钮，表示同意由系统建立默认的项目工作区，然后开始编译。

也可以不用选择菜单的方法，而用Ctrl+F7键来完成编译。

进行编译时，编译系统检查源程序中有无语法错误，然后在主窗口下部的调试信息窗口

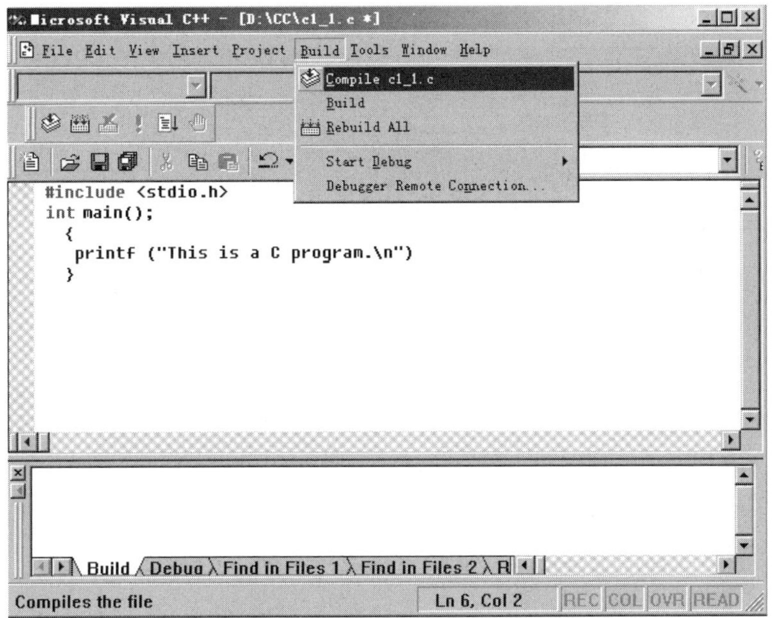
Microsoft Visual C++ - [D:\CC\c1_1.c *]
File Edit View Insert Project Build Tools Window Help
Compile c1_1.c
Build
Rebuild All
Start Debug
Debugger Remote Connection...
#include <stdio.h>
int main();
{
printf ("This is a C program.\n")
}
Build Debug Find in Files 1 Find in Files 2
Compiles the file
Ln 6, Col 2
REC COL OVR READ

图 14.6

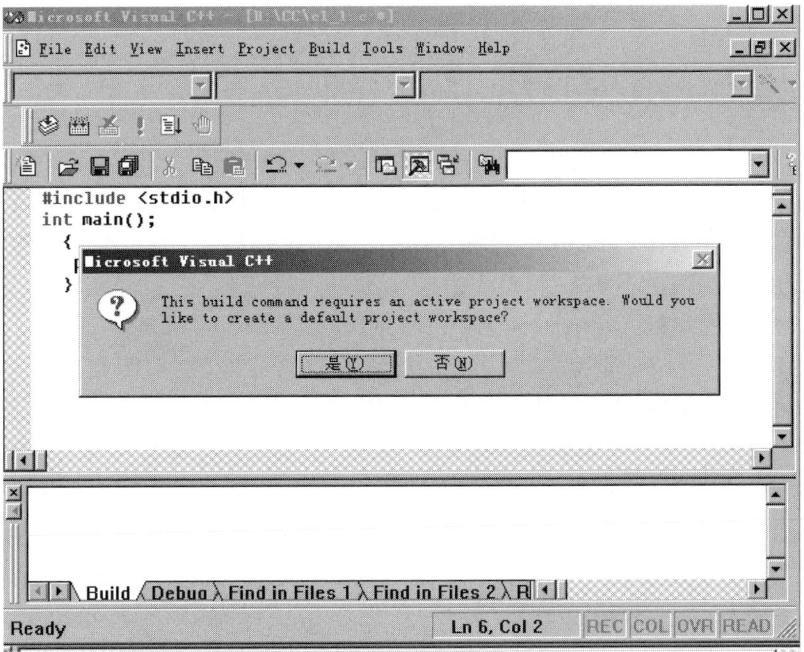
Microsoft Visual C++ - [D:\CC\c1_1.c *]
File Edit View Insert Project Build Tools Window Help
#include <stdio.h>
int main();
{
}
Microsoft Visual C++
This build command requires an active project workspace. Would you like to create a default project workspace?
是(Y)
否(N)
Build Debug Find in Files 1 Find in Files 2
Ready
Ln 6, Col 2
REC COL OVR READ

图 14.7

输出编译的信息,如果有错,就会指出错误的位置和性质,如图 14.8 所示。

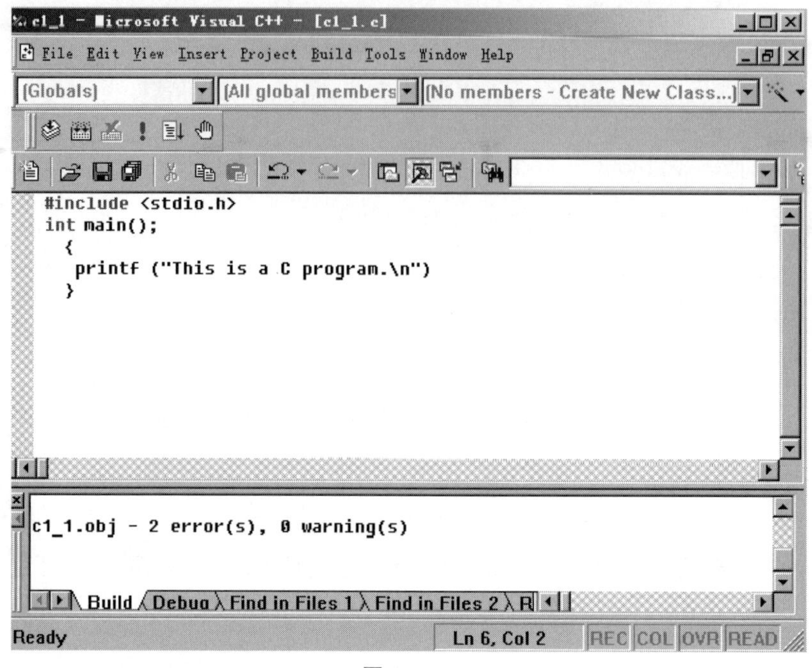

图 14.8

14.3.2 程序的调试

程序调试的任务是发现和改正程序中的错误,使程序能正常运行。编译系统能检查出程序中的语法错误。语法错误分为两类:一类是致命错误,以 error 表示,如果程序中有这类错误,就通不过编译,无法形成目标程序,更谈不上运行了;另一类是轻微错误,以 warning(警告)表示,这类错误不影响生成目标程序和可执行程序,但有可能影响运行的结果,因此也应当改正,使程序既无 error,又无 warning。

在图 14.8 中的调试信息窗口中可以看到编译的信息,指出源程序有两个 error 和 0 个 warning。用鼠标单击调试信息窗口中右侧的向上箭头,可以看到出错的位置和性质,如图 14.9 所示。

从图 14.9 下部调试信息窗口所示的信息中可以看到:第 2 行有致命错误,错误的性质是:found '{' at file scope (missing function header?),意思是:在文件作用域发现了"{",但没有函数首部。检查图 14.8 中的程序,发现第 2 行末多加了一个分号,因此,编译系统认为它不是函数首部,"{"不属于 main 函数,所以出错。还有,第 5 行也出错,错误的性质是:syntax errop: '}',意思是:在"}"处出现语法错误。经查程序,发现第 4 行末漏写了分号。有读者可能要问:明明是第 4 行有错,怎么在报错时说成是第 5 行有错呢?这是因为 C 允许将一个语句分写成几行,因此检查完第 4 行末尾无分号时还不能判定该语句有错,必须再

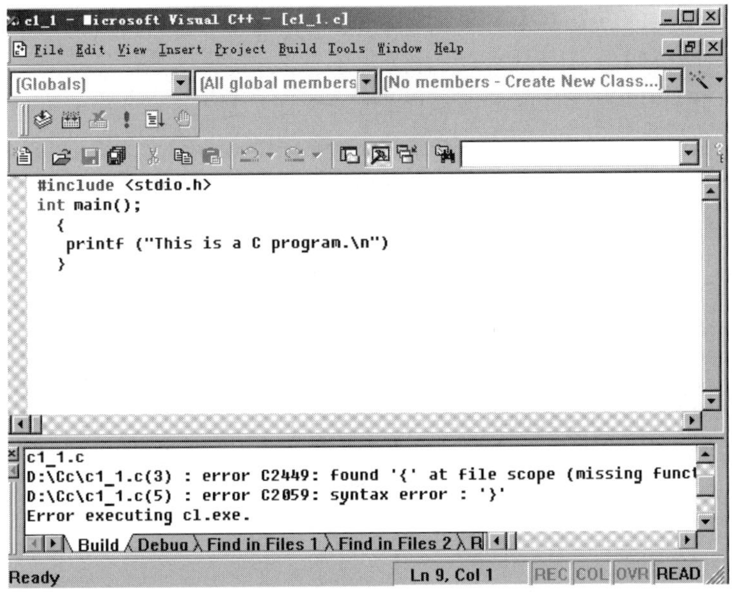

图 14.9

检查下一行,直到发现第 5 行的“}”前没有分号(;),才判定出错。因此在第 5 行报错。所以在分析编译报错信息时,应检查出错点的上下行。

现在进行改错,双击调试信息窗口中的第 1 个报错行,这时在程序窗口中出现一粗箭头指向被报错的程序行(第 3 行),提示改错位置,如图 14.10 所示。

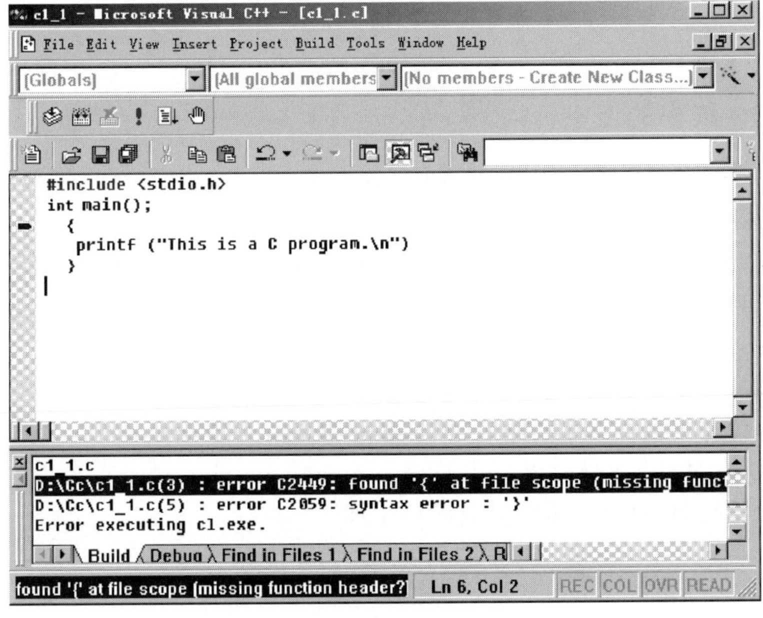

图 14.10

将第 2 行末尾的分号删去。再用同样的方法找到第 2 个出错位置,在第 4 行末尾加上分号。再仔细阅读程序,认为应该没有问题了。

再选择 Compile c1_1.c 项重新编译,此时编译信息告诉我们: 0 error(s),0 warning(s),既没有致命错误(error),也没有警告性错误(warning),编译成功,这时产生一个 c1_1.obj 文件,如图 14.11 中的下部调试信息窗口。

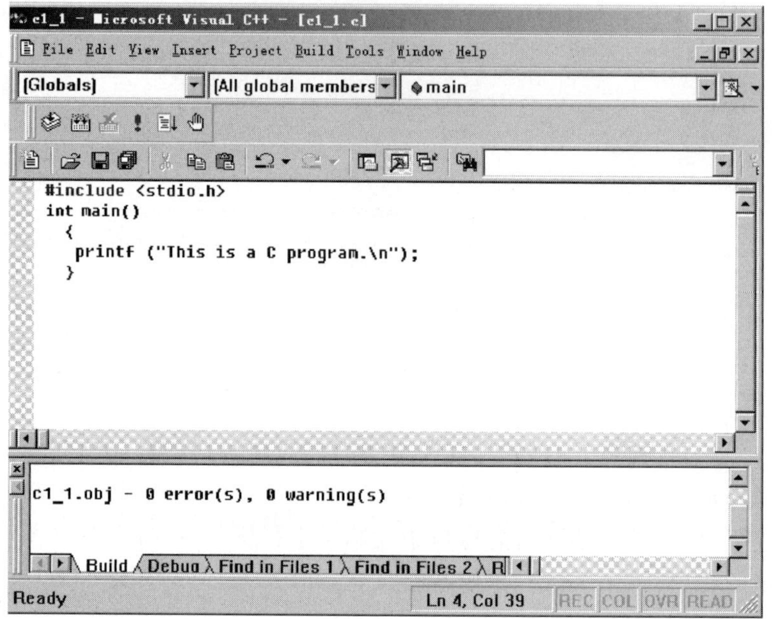

图 14.11

14.3.3 程序的连接

在得到目标程序后,就可以对程序进行连接了。由于刚才已生成了目标程序 c1_1.obj,编译系统据此确定在连接后应生成一个名为 c1_1.exe 的可执行文件,在菜单中显示了此文件名。此时应选择 Build(构建)→Build c1_1.exe(构建 c1_1.exe),如图 14.12 所示。

在完成连接后,在调试信息窗口中显示连接时的信息,说明没有发现错误,生成了一个可执行文件 c1_1.exe,如图 14.13 下部窗口所示。

以上介绍的是分别进行程序的编译与连接,也可以选择菜单 Build→Build (或按 F7 键)一次完成编译与连接。对于初学者来说,还是提倡分步进行程序的编译与连接,因为程序出错的机会较多,最好等到上一步完全正确后才进行下一步。对于有经验的程序员来说,在对程序比较有把握时,可以一步完成编译与连接。

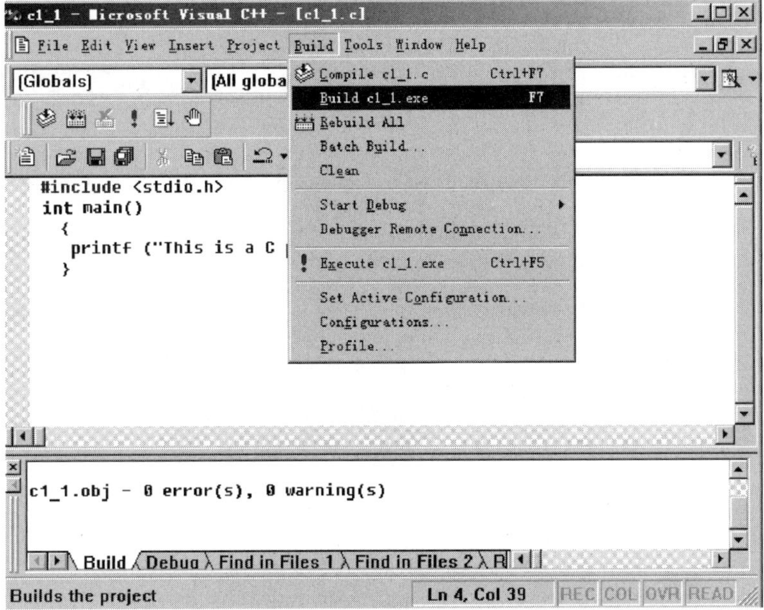
c1_1 - Microsoft Visual C++ - [c1_1.c]
File Edit View Insert Project Build Tools Window Help
(Globals)
Compile c1_1.c Ctrl+F7
Build c1_1.exe F7
Rebuild All
Batch Build...
Clean
Start Debug
Debugger Remote Connection...
Execute c1_1.exe Ctrl+F5
Set Active Configuration...
Configurations...
Profile...
#include <stdio.h>
int main()
{
printf ("This is a C
}
c1_1.obj - 0 error(s), 0 warning(s)
Build Debug Find in Files 1 Find in Files 2
Builds the project
Ln 4, Col 39

图 14.12

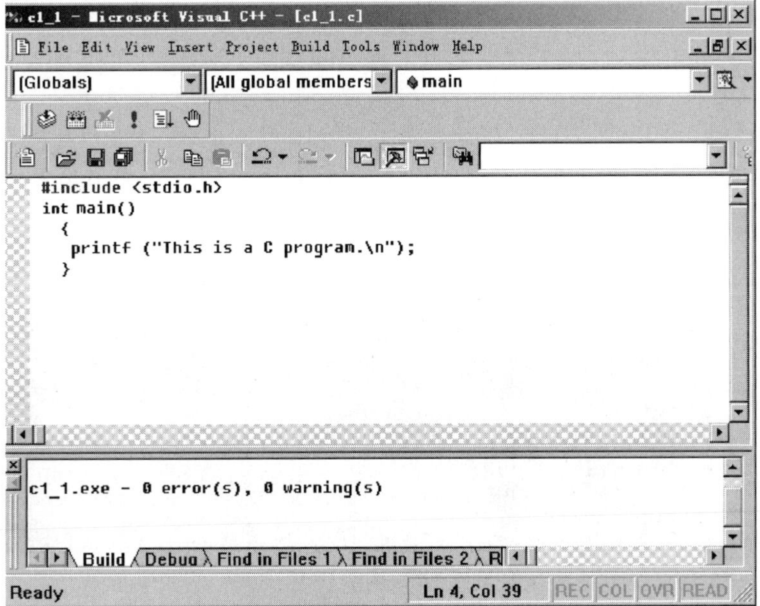
c1_1 - Microsoft Visual C++ - [c1_1.c]
File Edit View Insert Project Build Tools Window Help
(Globals)
(All global members
main
#include <stdio.h>
int main()
{
printf ("This is a C program.\n");
}
c1_1.exe - 0 error(s), 0 warning(s)
Build Debug Find in Files 1 Find in Files 2
Ready
Ln 4, Col 39

图 14.13

14.3.4 程序的执行

在得到可执行文件 cl_1.exe 后,就可以直接执行 cl_1.exe 了。选择 Build→! Execute cl_1.exe(执行 cl_1.exe),如图 14.14 所示。

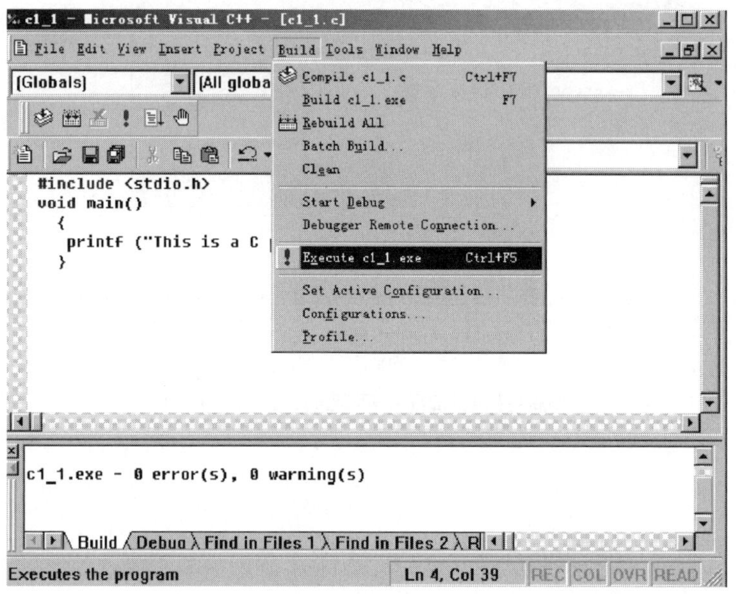

图 14.14

在单击! Execute cl_1.exe 项后,即开始执行 cl_1.exe。也可以不通过单击菜单,而用 Ctrl+F5 快捷键来实现程序的执行。程序执行后,屏幕切换到输出结果的窗口,显示出运行结果,如图 14.15 所示。

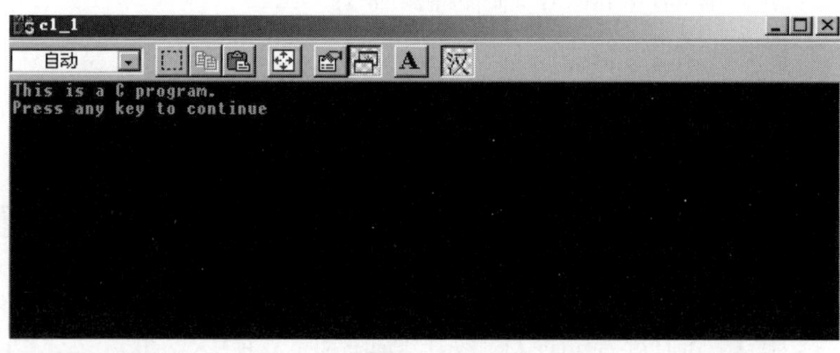

图 14.15

可以看到,在输出结果的窗口中的第 1 行是程序的输出:

```
This is a C program.
```

然后换行。

第2行 Press any key to continue 并非程序所指定的输出，而是 Visual C++ 在输出完运行结果后由 Visual C++ 6.0 系统自动加上的一行信息，通知用户："按任何一键以便继续"。当你按下任何一键后，输出窗口消失，回到 Visual C++ 的主窗口，此时可以继续对源程序进行修改补充或进行其他工作。

如果已完成对一个程序的操作，不再对它进行其他处理，应当选择 File(文件)→Close Workspace(关闭工作区)，以结束对该程序的操作。

14.4 建立和运行包含多个文件的程序的方法

上面介绍的是最简单的情况，一个程序只包含一个源程序文件。如果一个程序包含多个源程序文件(如教材第7章例7.20)，则需要建立一个项目文件(project file)，在这个项目文件中包含多个文件(包括源文件和头文件)。项目文件是放在项目工作区中的，因此还要建立项目工作区。在编译时，系统会分别对项目文件中的每个文件进行编译，然后将所得到的目标文件连接成为一个整体，再与系统的有关资源连接，生成一个可执行文件，最后执行这个文件。

在实际操作时有两种方法：一种是由用户建立项目工作区和项目文件；另一种是用户只建立项目文件而不建立项目工作区，由系统自动建立项目工作区。

14.4.1 由用户建立项目工作区和项目文件

(1) 先用前面介绍过的方法分别编辑好同一程序中的各个源程序文件，并存放在自己指定的目录下，例如教材第7章例7.20程序包含 file1.c、file2.c、file3.c 和 file4.c 共4个源文件，并已把它们保存在 D:\CC 子目录下。

(2) 建立一个项目工作区。在如图14.1所示的 Visual C++ 主窗口中选择 File(文件)→New(新建)，在弹出的 New(新建)对话框中单击上部的选项卡 Workspace(工作区)，表示要建立一个新的项目工作区。在对话框中右部 Workspace name(工作区名字) 文本框中输入自己指定的工作区的名字(如 ws1)。在 Location(位置)文本框中输入指定的文件目录(如 D:\CC，也可以指定为其他目录)，如图14.16所示。

然后单击右下部的 OK 按钮，此时返回 Visual C++ 主窗口。

(3) 建立项目文件。选择 File(文件)→New(新建)，在弹出的 New(新建)对话框中单击上部的 Projects(项目，中文 Visual C++ 6.0 把它译为"工程")选项卡，表示要建立一个项目文件，如图14.17所示。

在对话框中左部的列表中选择 Win32 Console Application 项，并在右部的 location(位置)文本框中输入项目文件的位置(即文件路径，现在输入 D:\CC)，在 Project name(中文界

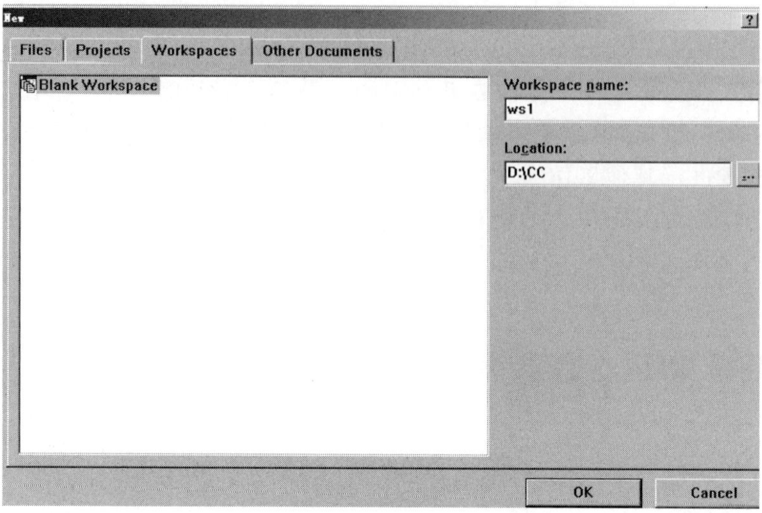

图　14.16

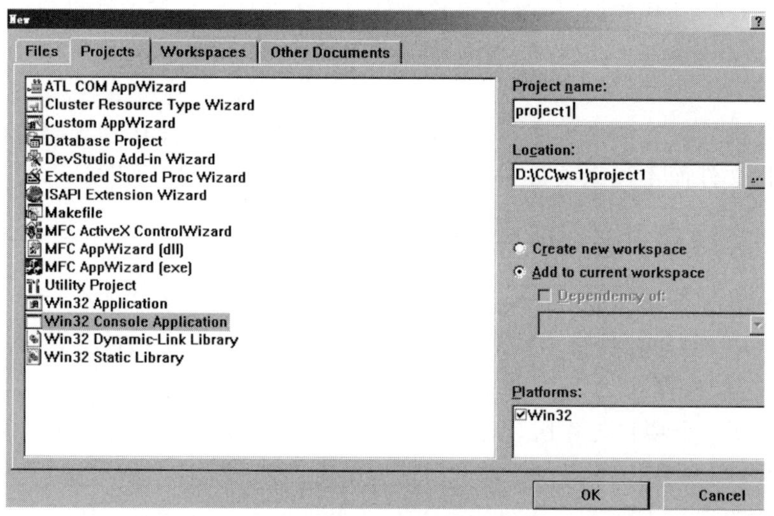

图　14.17

面中显示为"工程")文本框中输入指定的项目文件名,现在输入 project1。选中窗口右部 Add to current workspace(添加至现有工作区)单选按钮,表示新建的项目文件是放到刚才建立的当前工作区(ws1)中的。此时,location 栏中内容自动变为 D:\CC\ws1\project1,表示已确认项目文件 project1 存放在工作区 ws1 中,然后单击 OK(确定)按钮,此时弹出一个如图 14.18 所示的对话框。在其中选中 An empty project.单选按钮,表示新建立的是一个空的项目,单击 Finish(完成)按钮,系统弹出一个 New Project Information(新建工程信息)对话框(见图 14.19),显示了刚才建立的项目的有关信息。

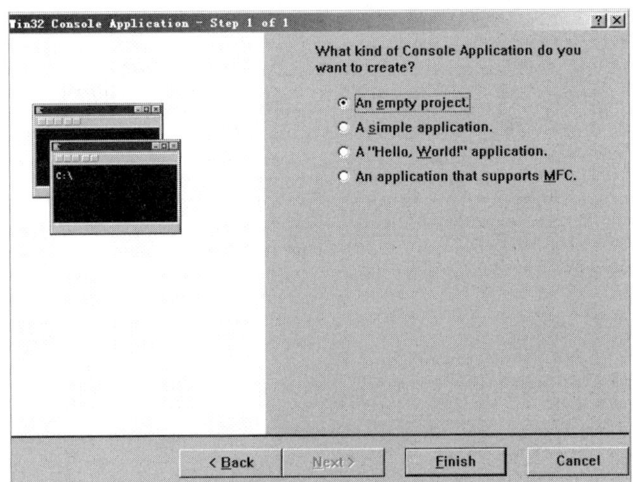

图 14.18

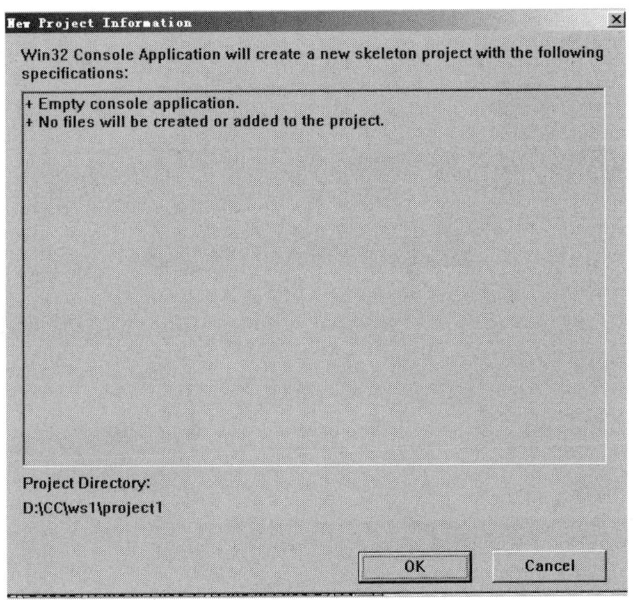

图 14.19

在其下方可以看到项目文件的位置(文件路径为 D:\CC\ws1\project1),确认后单击 OK(确定)按钮。此时又回到 Visual C++ 主窗口,可以看到:左部窗口中有一个 Workspace 窗口,单击其中的 File View 选项卡,窗口内显示 Workspace 'ws1': 1 project(s),表示工作区 ws1 中有一个项目文件,其下一行为 project1 files,表示项目文件 project1 中的文件,现在为空,如图 14.20 所示。

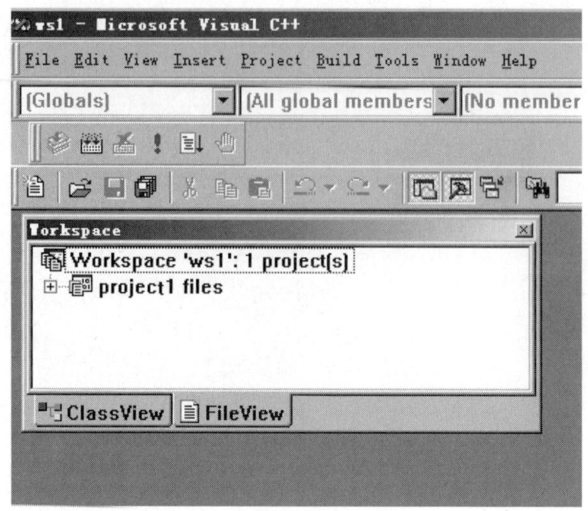

图 14.20

(4) 将源程序文件放到项目文件中。方法是：在 Visual C++ 主窗口中选择 Project（工程）→Add To Project（添加到项目中，在中文界面上显示为“添加工程”）→Files，如图 14.21 所示。

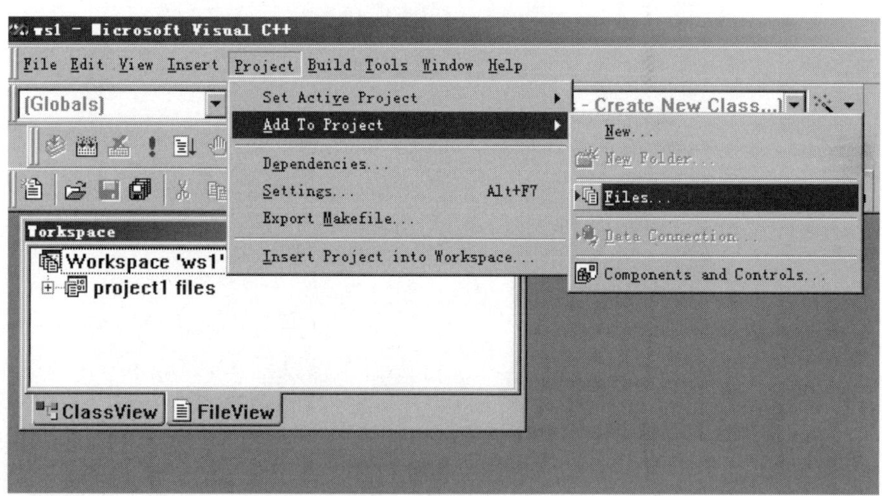

图 14.21

在选择 Files 命令后，屏幕上出现 Insert Files into Project 对话框。在上部的列表框中按路径找到源文件 File1.c、File2.c、File3.c 和 File4.c 所在的子目录，并选中 File1.c、File2.c、File3.c 和 File4.c，如图 14.22 所示。

单击 OK（确定）按钮，就把这 4 个文件添加到项目文件 project1 中了。此时，回到 Visual C++ 主窗口，再观察 Workspace 窗口，单击其下部的 FileView 选项卡，窗口内显示了项目文件 project1 中包含文件的情况，如图 14.23 所示。可以看到：project1 中包含了源程序 File1.c、File2.c、File3.c 和 File4.c。

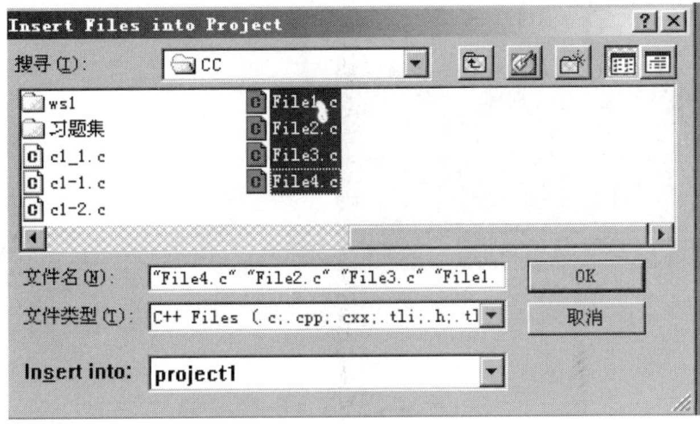

图 14.22

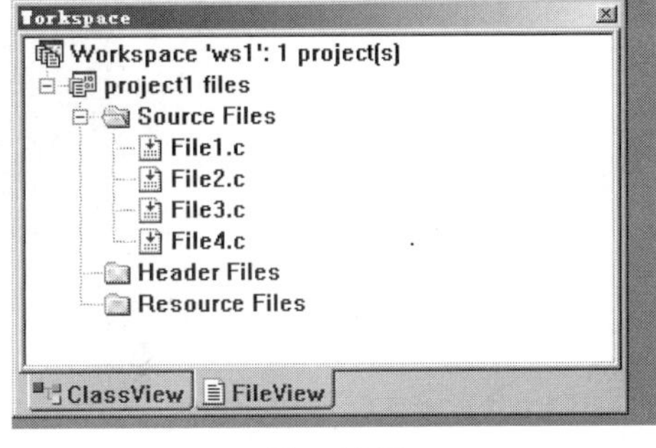

图 14.23

(5) 编译和连接项目文件。由于已经把 File1.c、File2.c、File3.c 和 File4.c 添加到项目文件 project1 中，因此只需对项目文件 project1 进行统一的编译和连接。方法是：在 Visual C++ 主窗口中选择 Build(编译) → Build project1.exe(构件 project1.exe)，如图 14.24 所示。

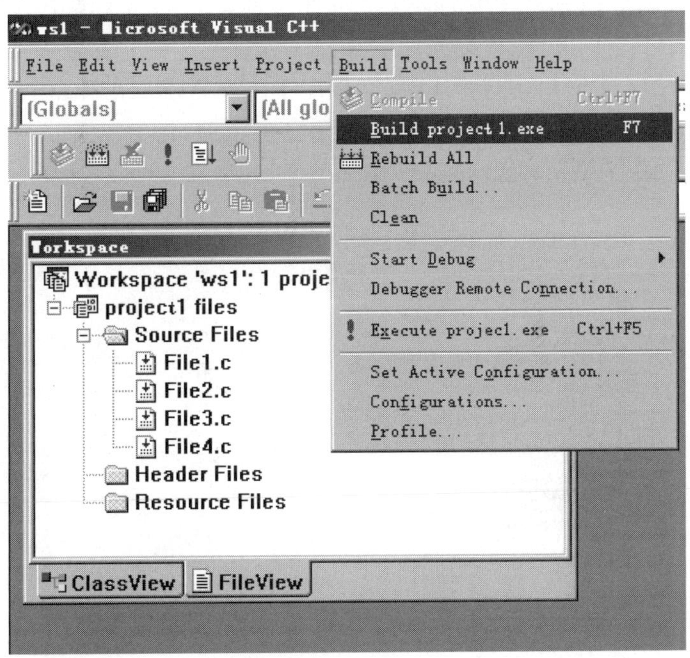

图 14.24

在单击 Build project1.exe 后，系统对整个项目文件进行编译和连接，在窗口的下部会显示编译和连接的信息。如果程序有错，会显示出错信息；如果无错，会生成可执行文件 project1.exe。

(6) 执行可执行文件。选择 Build(编译) → Execute project1.exe(执行 project1.exe)，就执行 project1.exe，在运行时输入所需的数据，如图 14.25 所示。

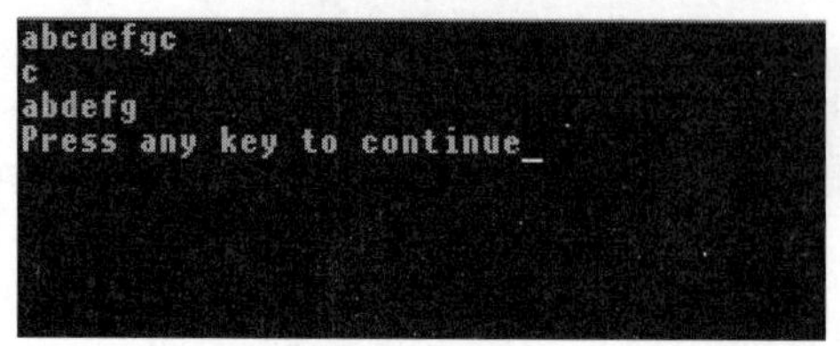

图 14.25

14.4.2 用户只建立项目文件

上面介绍的方法是先建立项目工作区，再建立项目文件，步骤比较多。可以采取简化的方法，即用户只建立项目文件，而不建立项目工作区，由系统自动建立项目工作区。

在本方法中，保留 14.4.1 节中介绍的第(1)、(4)、(5)、(6)步，取消第(2)步，修改第(3)步。具体步骤如下：

(1) 分别编辑好同一程序中的各个源程序文件。同 14.4.1 节中的第(1)步。

(2) 建立一个项目文件(不必先建立项目工作区)。

在 Visual C++ 主窗口中选择 File(文件)→New(新建)，在弹出的 New(新建)对话框中单击上部的 Projects(工程)选项卡，表示要建立一个项目文件，如图 14.26 所示。在对话框中左部的列表中选择 Win32 Console Application 项，在 Project name(工程)文本框中输入

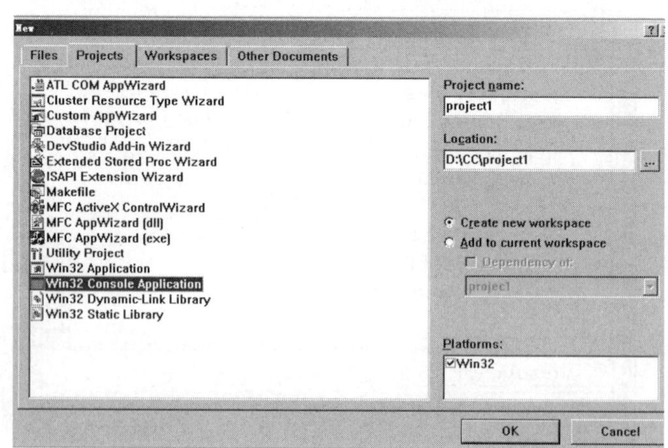

图 14.26

指定的项目文件名(project1)。可以看到：在右部的中间的单选按钮处默认选定了 Create new workspace(创建新工作区)，这是由于用户未指定工作区，系统会自动开辟新工作区。

单击 OK(确定) 按钮，出现如图 14.18 所示的 Win32 Console Application-step 1 of 1 对话框，选择右部的 An empty project.单选按钮，单击 Finish(完成)按钮后出现 New Project Information(新建工程信息)消息框，如图 14.27 所示。

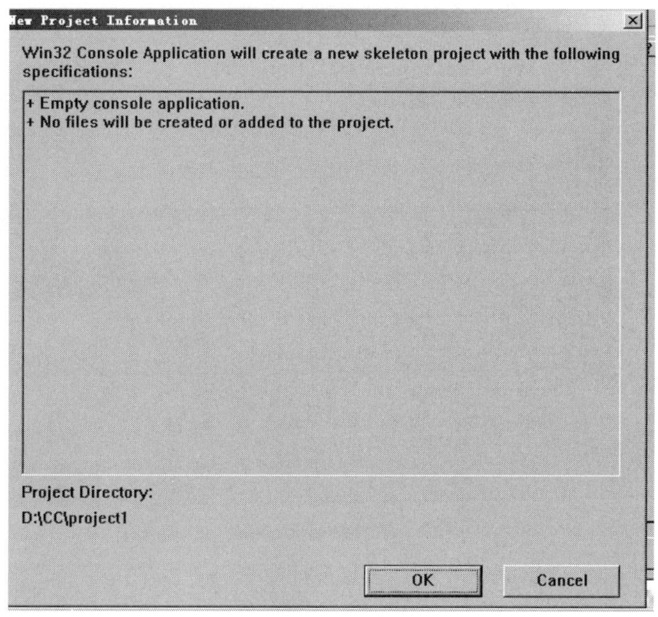

图 14.27

从它的下部可以看到项目文件的路径（中文 Visual C++ 中显示为"工程目录"）为 D:\CC\project1。单击 OK(确定)按钮，在弹出的 Visual C++ 主窗口中的 Workspace 窗口的下方单击 File View 按钮，窗口中显示 Workspace 'project1'：1 project(s)，如图 14.28 所示。说明系统已自动建立了一个工作区，由于用户未指定工作区名，系统就将项目文件名 project1 同时作为工作区名。

(3) 向此项目文件添加内容，步骤与 14.4.1 节方法中的第(4)步相同。

(4) 编译和连接项目文件，步骤与 14.4.1 节方法中的第(4)步相同。

(5) 执行可执行文件，步骤与 14.4.1 节方法中的第(6)步相同。

显然，这种方法比前面的方法简单一些。

在介绍单文件程序时，为了尽量简化手续，没有建立工作区，也没有建立项目文件，而是直接建立源文件。实际上，在编译每一个程序时都需要一个工作区，如果用户未指定，系统会自动建立工作区，并赋予它一个默认名(此时以项目名作为工作区名)。

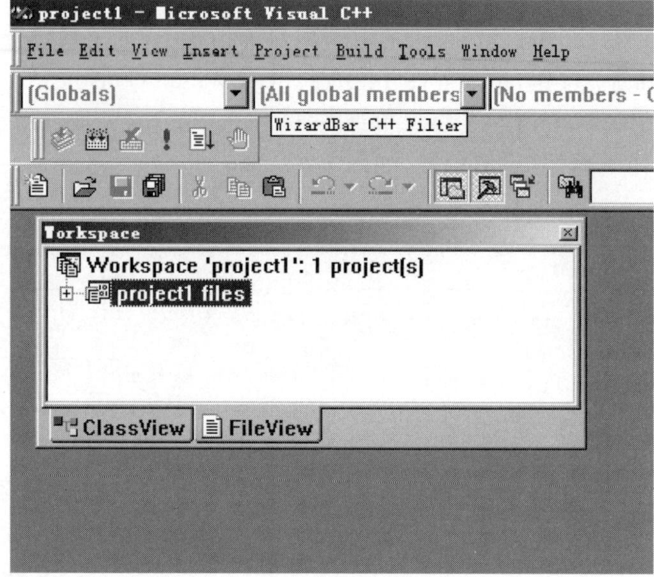
project1 - Microsoft Visual C++
File Edit View Insert Project Build Tools Window Help
(Globals)
(All global members
(No members -
WizardBar C++ Filter
Workspace
Workspace 'project1': 1 project(s)
project1 files
ClassView
FileView

图 14.28

第 15 章

用 Visual Studio 2010 运行 C 程序

15.1 关于 Visual Studio 2010

学习 C 语言程序设计时要进行上机实践，过去大多数采用 Visual C++ 6.0 集成环境，使用是比较简单方便的。由于 Windows XP 已退出历史舞台，而许多使用 Windows 7 操作系统的用户不能顺利安装 Visual C++ 6.0 系统，因而难以使用 Visual C++ 6.0 来编译和运行 C 程序。在此情况下，可以改用 Visual Studio 2010（或 Visual Studio 2008）。

大家比较熟悉的 Visual C++ 6.0 和 Visual Basic 6.0 一样是一个独立的集成环境（IDE），对程序的编辑、编译和运行都在该 IDE 中完成。而 Visual Studio 2010 则不同，它把 Visual C++、Visual Basic、C# 等全部集成在一个 Visual Studio 集成环境中，Visual C++ 2010 是 Visual Studio 2010 中有机的一部分，不能单独安装和运行 Visual C++ 2010。

Visual Studio 2010 中的 Visual C++ 2010 是专门用来处理 C++ 程序的，由于 C++ 与 C 基本上是兼容的，因此，可以用 Visual C++ 2010 来处理 C 程序。这样，为了编译和运行 C 程序，就可以利用 Visual Studio 2010 这个开发工具。

下面对 Visual Studio 2010 作简单介绍。

Visual C++ 2010 是 Visual Studio 2010 的一部分，要使用 Visual Studio 2010 的资源，因此，为了使用 Visual C++ 2010，必须安装 Visual Studio 2010。Visual Studio 2010 可以在 Windows 7 环境下安装。如果有 Visual Studio 2010 光盘，执行其中的 setup.exe，并按屏幕上的提示进行安装即可。

下面介绍怎样用 Visual Studio 2010（中文版）编辑、编译和运行 C 程序。如果读者使用英文版，方法是一样的，无非界面显示的是英文。我们在下面的叙述中，同时提供相应的英文显示。

双击 Windows 窗口中左下角的“开始”图标，在出现的软件菜单中，有 Microsoft Visual Studio 2010 菜单。双击此行，就会出现 Microsoft Visual Studio 2010 的版权页，然后显示

"起始页",见图15.1。[①]

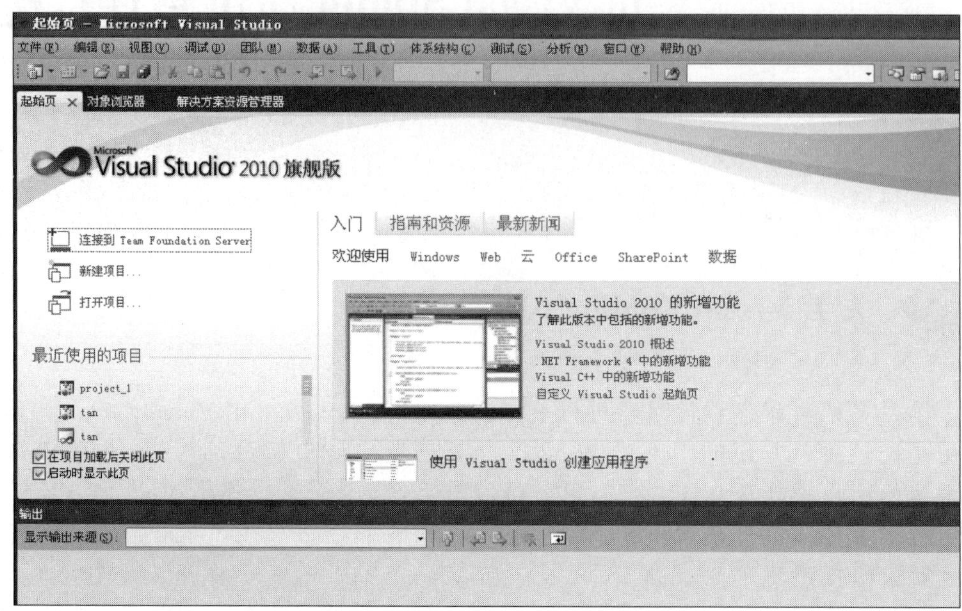

图 15.1

在 Visual Studio 2010 主窗口中的顶部是 Visual Studio 2010 的主菜单,其中有 10 个菜单项:文件、编辑、视图、调试、团队、数据、工具、测试、窗口、帮助。上面括号内的英文单词是 Visual Studio 2010 英文版中的菜单项的英文显示。

我们不详细介绍各菜单项的作用,只介绍在建立和运行 C 程序时用到的部分内容。

15.2 怎样建立新项目

使用 Visual Studio 2010 编写和运行一个 C 程序,要比用 Visual C++ 6.0 复杂一些。在 Visual C++ 6.0 中,可以直接建立并运行一个 C 文件,得到结果。而在 2008 和 2010 版本中,必须先建立一个项目,然后在项目中建立文件。因为 C++ 是为处理复杂的大程序而产生的,一个大程序中往往包括若干个 C++ 程序文件,把它们组成一个整体进行编译和运行,这就是一个项

① 也可以先从 Windows 窗口左下角选择"开始"→"所有程序"→Microsoft Visual Studio 2010,再找到其下面的 Microsoft Visual Studio 2010 项,单击右键,选择"锁定到任务栏(K)",这时在 Windows 窗口的任务栏中会出现 Visual Studio 2010 的图标。也可以在桌面上建立 Visual Studio 2010 的快捷方式。双击此图标,也可以显示出图 15.1 的窗口。用这种方法,在以后需要调用 Visual Studio 2010 时,直接双击此图标即可,比较方便。

目。即使只有一个源程序，也要建立一个项目，然后在此项目中建立文件。

下面介绍怎样建立一个新的项目：在图 15.1 所示的主窗口中，在主菜单中选择“文件”，在其下拉菜单中选择“新建”，再选择“项目”（为简化起见，以后表示为“文件”→“新建”→“项目”），见图 15.2。

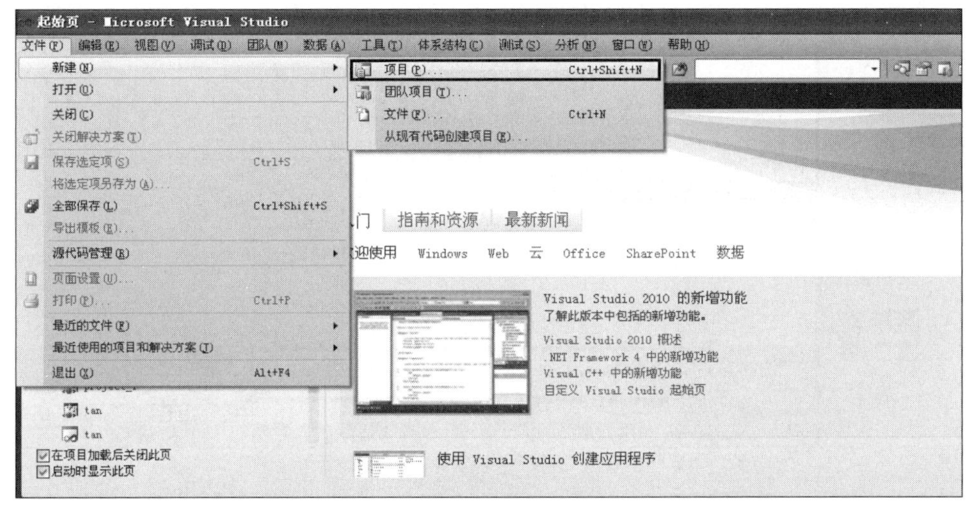

图 15.2

单击“项目”，表示需要建立一个新项目。此时会弹出一个“新建项目”对话框，在其左侧的“Visual C++”中选择“Win32”，在中部选择“Win32 控制台应用程序”。在对话框下方的“名称”文本框中输入自己建立的新项目的名字，今指定项目名为“project_1”。在“位置”文本框中输入指定的文件路径，今输入“D:\C++”，表示我们要在 D 盘的“C++”目录下建立一个名为“project_1”的项目（名称和位置的内容是由用户自己随意指定的）。也可以用“浏览”按钮从已有的路径中选择。此时，最下方的“解决方案名称”文本框中自动显示了“project_1”，它和刚才输入的项目名称(project_1)同名。然后，在右下角的“为解决方案创建目”可选框处打勾。见图 15.3。

说明：在建立新项目 project_1 时，系统会自动生成一个同名的“解决方案”。Visual Studio 2010 中的“解决方案”相当于 Visual C++ 6.0 中的“项目工作区”。一个“解决方案”（即一个项目工作区）中可以包含一个或多个项目，组成一个处理问题的整体。处理简单的问题时，一个解决方案中只包括一个项目。经过以上的指定，形成的路径为：D:\C++\project_1\project_1。其中第一个 project_1 是“解决方案”子目录，第二个 project_1 是“项目”子目录。

单击“确定”后，屏幕上出现“Win32 应用程序向导”对话框。见图 15.4。

单击“下一步”按钮，出现图 15.5 所示的对话框。从中间的“应用程序类型”单选按钮中

图 15.3

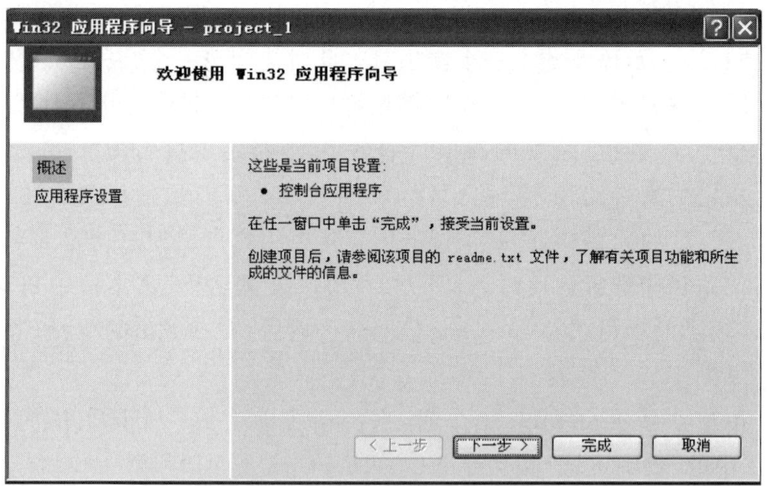

图 15.4

选"控制台应用程序"单选按钮(表示要建立的是控制台操作的程序,而不是其他类型的程序),在"附加选项"的可选框中勾选"空项目",表示所建立的项目现在内容是空的,以后再往里添加。

单击"完成"按钮,一个新的解决方案 project_1 和项目 project_1 已建立好了。屏幕上

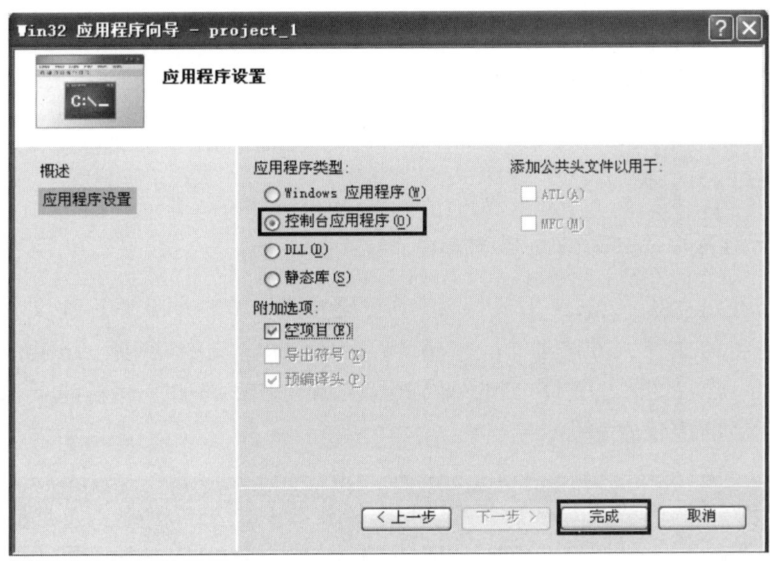

图 15.5

出现如图 15.6 所示的窗口。

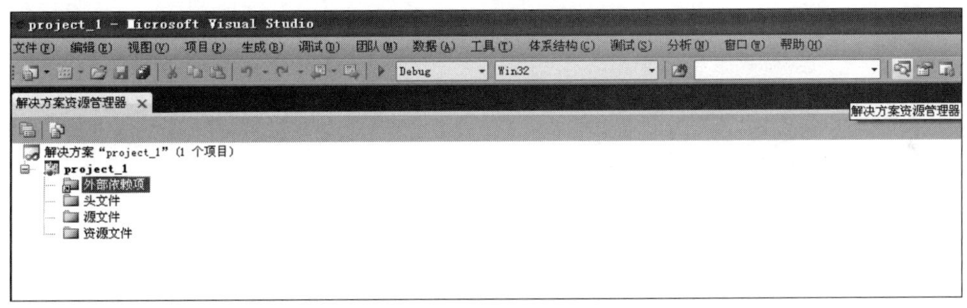

图 15.6

如果在窗口中没有显示出图 15.6 所示的内容,可以在窗口右上方的工具栏中找到"解决方案资源管理器"图标(见图 15.6 右上角),单击此图标,在工具栏的下一行出现"解决方案资源管理器"选卡。还可以根据需要把工具栏中其他的工具图标(如"对象浏览器"等)以选卡形式显示出来。单击"解决方案资源管理器"选卡,可以看到窗口第一行为:"解决方案'project_1'(1 个项目)",表示解决方案 project_1 中有一个 project_1 项目,并在下面显示出 project_1 项目中包含的内容。

15.3 怎样建立文件

建立文件有两种情况。

1. 从无到有地建立新的源程序文件

上面已经建立了 project_1 项目,但项目是空的,其中并无源程序文件。现在需要在此项目中建立新的文件。方法如下:在图 15.6 所示的窗口中,选择 project_1 下面的"源文件(Source Files)",右击"源文件(Source Files)",再选择"添加"→"新建项",见图 15.7。表示要建立一个新的源程序文件。

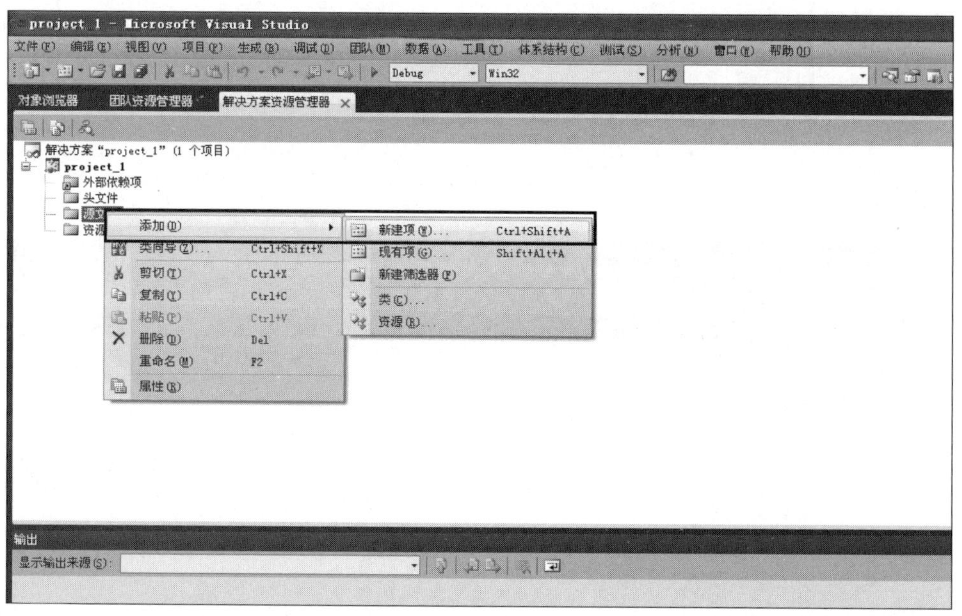

图 15.7

此时,出现"添加新项"对话框,见图 15.8。在对话框左部选 Visual C++,在对话框中部选择 C++ 文件(C++ files)表示要添加的是 C++ 文件(包括 C 程序文件),并在对话框下部的"名称"文本框中输入指定的文件名(今用 test.c)①,系统自动在"位置"文本框中显示出此文件的路径: D:\C++\project_1\project_1\,表示把 test.c 文件放在 D 盘中子目录 C++ 中

① 今输入文件名 test.c,带后缀.c 表示要建立的是一个 C 程序文件,如果输入文件名时不带后缀(如 test),系统默认它是 C++ 文件,自动加后缀.cpp。在 Visual Studio 2010 中,允许 C 源程序以带后缀.c 的 C 文件进行编译,也允许以带后缀.cpp 的 C++ 文件形式进行编译。最后得到的运行结果是相同的。读者可自行选择。

的“解决方案 project_1”下的“project_1 项目”中。

图 15.8

单击“添加”按钮,表示要把 test.c 文件添加到 project_1 项目中。此时屏幕上出现编辑窗口,要求用户输入源程序。今输入了一个 C 程序(也可以用复制的方法输入一个程序),见图 15.9。

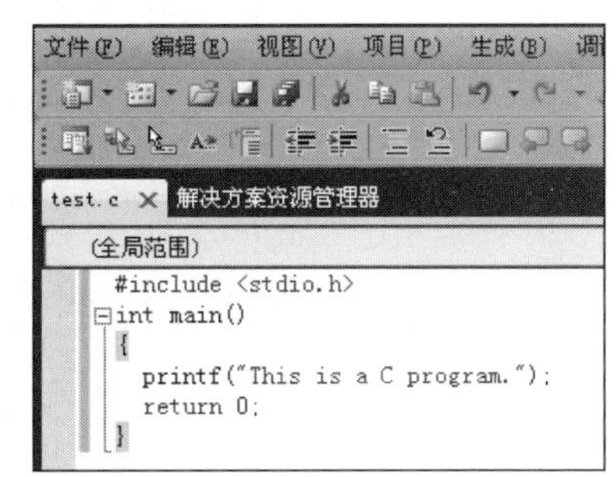

图 15.9

把已输入和编辑好的文件保存起来,以备以后重新调出来修改或编译。保存的方法是:选择“文件”→“保存”,将程序保存在刚才建立的 test.c 文件中,见图 15.10。也可以用“另存为”保存在其他路径的文件中。

2. 保存文件

如果用户已经编写好了所需的 C 程序并存放在某目录下(如已经以文件名为 test2.c)存放在 U 盘上),现在希望把它调入到指定的项目中。此时不是建立新文件,而是想从某存储设备中读入一个已有的 C 程序(后缀为.c)或 C++ 程序(后缀为.cpp)的文件到项目中。可以在图 15.7 所示的窗口中选择“添加”→“现有项”,见图 15.11。

单击“现有项”,出现“添加现有项”对话框,见图 15.12。用户在“查找范围”列表框中找到文件 test2.c 所在的路径(今设所指定的文件在 U 盘中),然后单击所需要的文件 test2(它是后缀为.c 的 C 文件)。此时在对话框下部的“对象名称”文本框中自动显示文件名 test2。

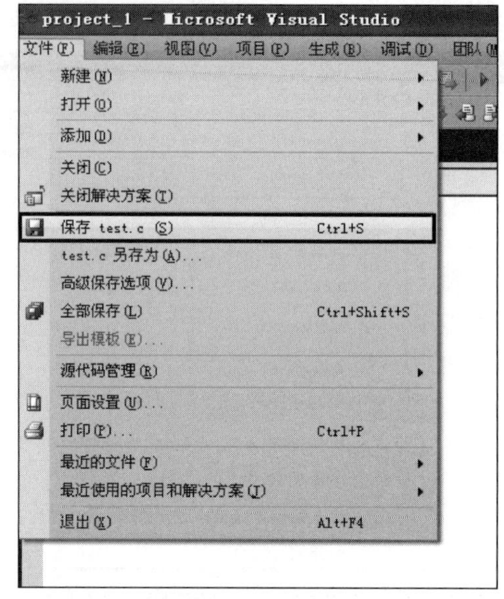

图 15.10

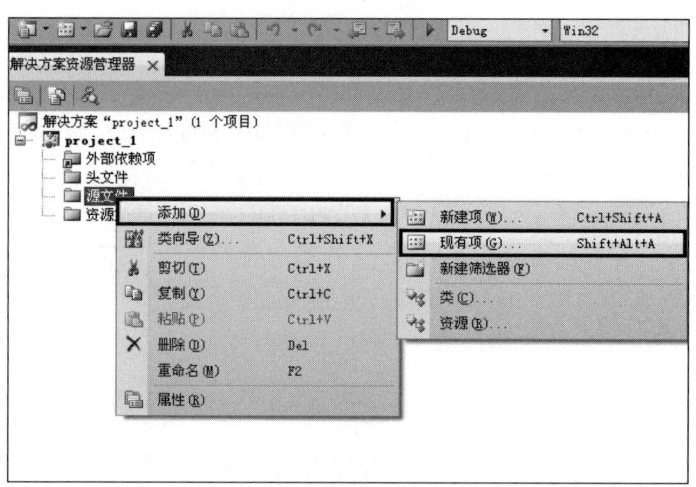

图 15.11

单击"添加"按钮,这时文件 test2.c 即被读入(保持其原有文件名),添加到当前项目(如 project_1)中,成为该项目中的一个源程序文件。此时出现图 15.13 所示的"解决方案资源管理器"窗口,可以看到在"源文件"中已包含了 test2.c 文件。

说明:如果原来在 U 盘中的文件是一个 C 源程序文件(后缀为.c),则调入项目后的文件仍为后缀为.c 的 C 文件(如图所示)。如果原来在 U 盘中的是 C++ 文件(后缀为.cpp),则调入项目后仍为后缀为.cpp 的 C++ 文件。

图 15.12

双击文件名(test2.c),会出现 test2.c 的编辑窗口,显示该文件内容,见图 15.14。

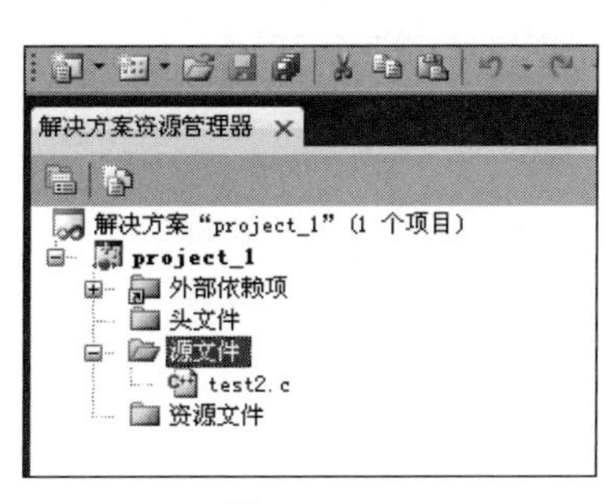

图 15.13

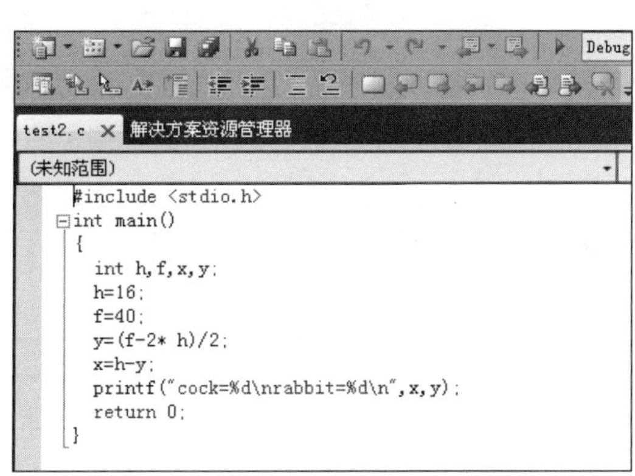

图 15.14

test2.c 是一个求解“鸡兔同笼”问题的 C 程序。可以对此程序进行编辑修改,然后编译和运行。

15.4 怎样进行编译

把一个编辑好并检查无误后的程序付诸编译,方法是:从主菜单中选择“生成”→“生成解决方案”,见图 15.15。

此时系统就对源程序和与其相关的资源(如头文件、函数库等)进行编译和连接,并显示

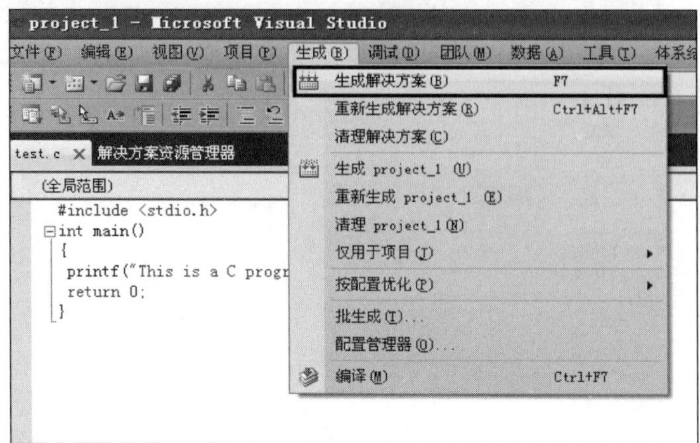

图 15.15

出编译的信息,见图 15.16。

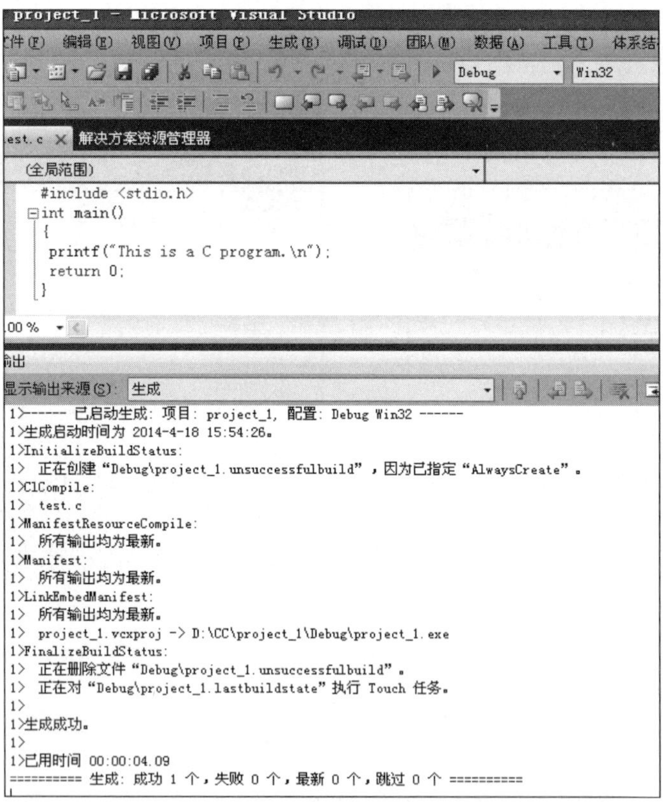

图 15.16

图 15.16 下部是“生成信息”窗口，显示生成（编译和连接）过程中处理的情况，最后一行显示“生成成功”，表示已经生成了一个可供执行的解决方案（后缀为.exe），可以付诸运行了。如果编译和连接过程中出现错误，会显示出错的信息。用户检查并改正错误后重新编译，直到生成成功为止。

15.5 怎样运行程序

选择“调试”→“开始执行（不调试）”，见图 15.17。

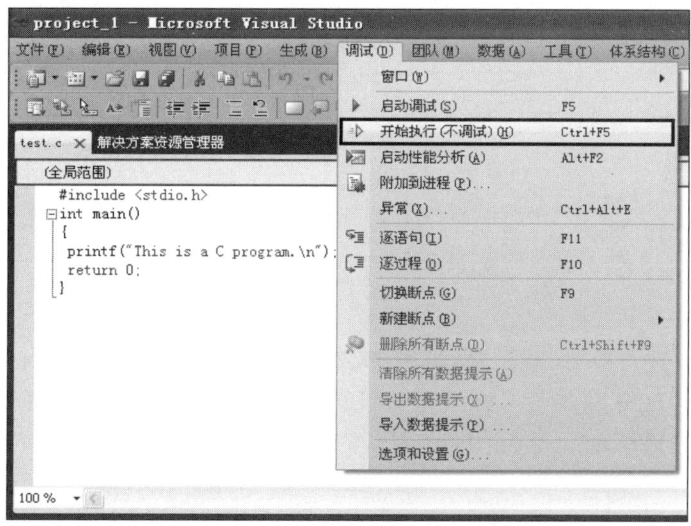

图 15.17

程序开始运行，并得到运行结果，见图 15.18。

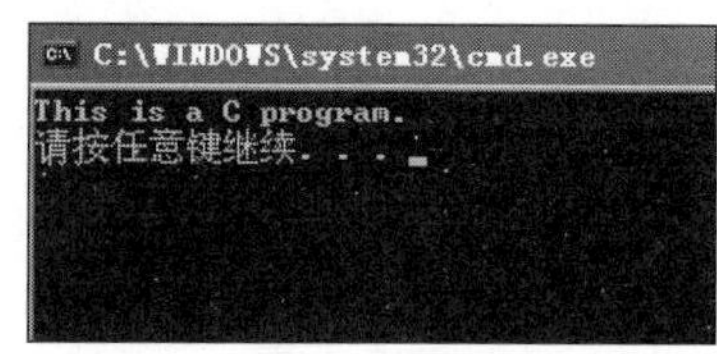

图 15.18

说明：如果选择“调试”→“启动调试”，程序运行时输出结果一闪而过，使人看不清结果，可以在源程序最后一行“return 0;”之前加一个输入语句“getchar();”即可消除此现象。

15.6 怎样打开项目中已有的文件

假如已经在项目中编辑并保存过一个 C 源程序，现在希望打开该项目中的源程序，并对它进行修改和运行。需要注意的是，不能采用打开一般文件的方法（直接在该文件所在的子目录中双击文件名），这样做是可以调出该源程序，也可以进行编辑修改，但是不能进行编译和运行。应当先打开解决方案和项目,然后再打开项目中的文件,这时才可以编辑、编译和运行。

在主窗口中,选择“文件”→“打开”→“项目/解决方案”,见图 15.19。

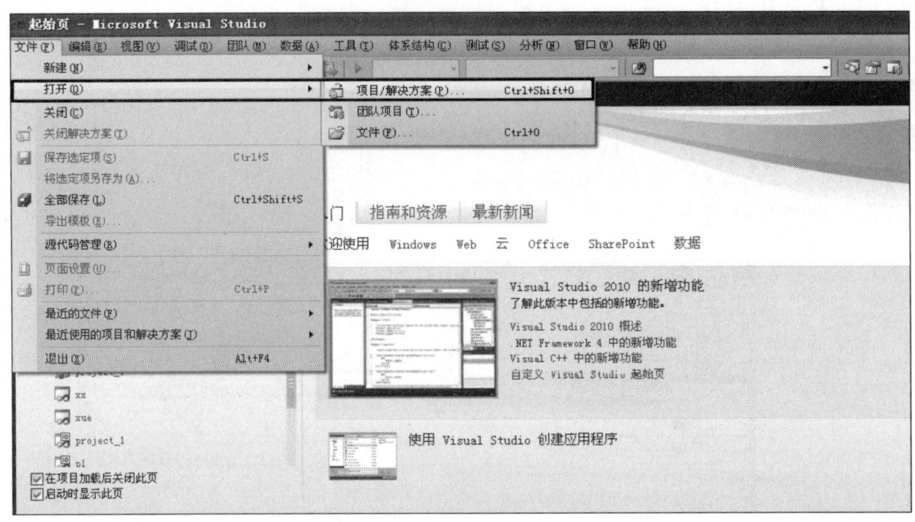

图 15.19

这时出现“打开项目”对话框,见图 15.20。在“查找范围”列表框中根据已知路径先找到子目录 project_1(解决方案),再找到子目录 project_1(项目),然后选择其中的解决方案文件 project_1(其后缀为.sln),单击“打开”按钮。

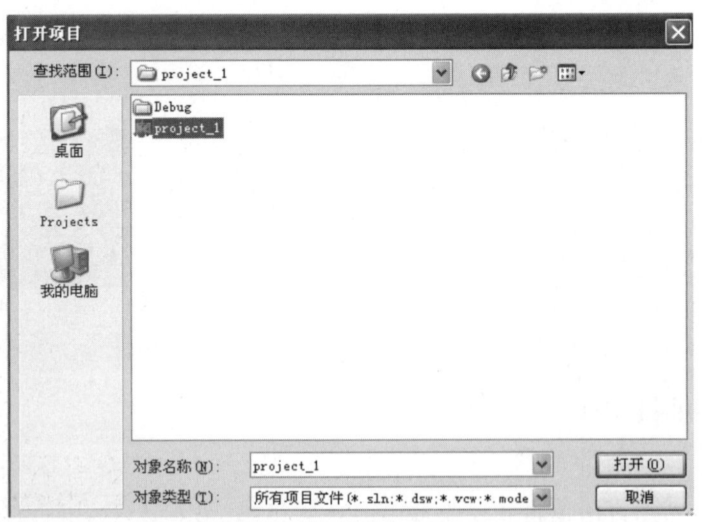

图 15.20

屏幕出现“解决方案资源管理器”窗口，如图 15.21。可以看到在“源文件”下面有文件名 test.c。双击此文件名，出现 test.c 的编辑窗口，显示出源程序，见图 15.22。可以对它进行修改或编译(生成)。

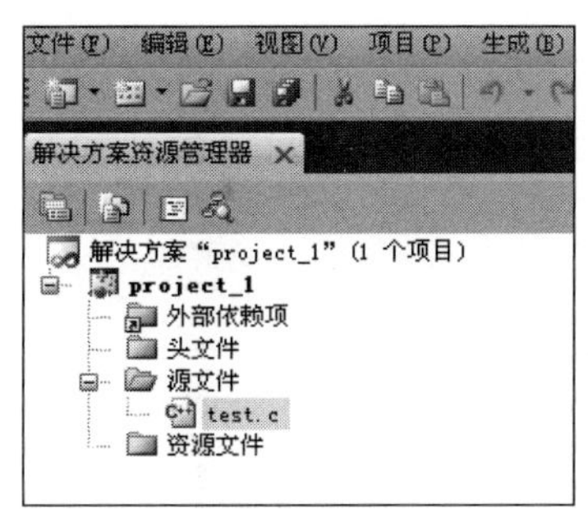

图 15.21

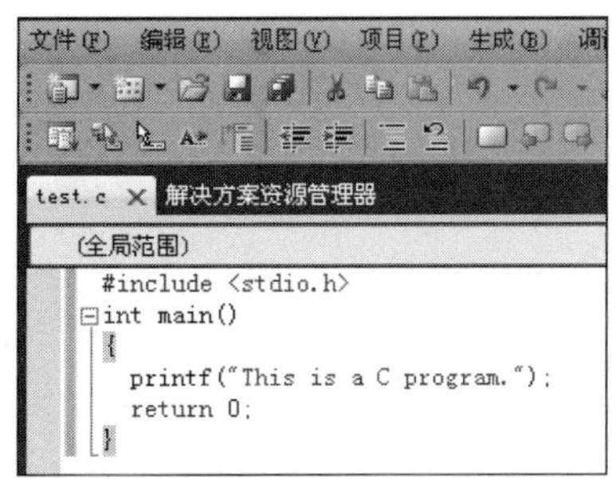

图 15.22

15.7 怎样编辑和运行一个包含多文件的程序

前面运行的程序都是只包含一个文件单位，比较简单。如果一个程序包含若干个文件单位，怎样进行呢？

假设有以下一个程序，它包含一个主函数，3 个被主函数调用的函数。有两种处理方法：一是把它们作为一个文件单位来处理，教材中大部分程序都是这样处理的，比较简单。二是把这 4 个函数分别作为 4 个源程序文件，然后一起进行编译和连接，生成一个可执行的文件，可供运行。

例如，一个程序包含以下 4 个源程序文件：

(1) file1.c(文件 1)

```
#include <stdio.h>
  int main()
  {extern void enter_string(char str[]);
   extern void delete_string(char str[],char ch);
   extern void print_string(char str[]);
   char c;
   char str[80];
   enter_string(str);
   scanf("%c",&c);
   delete_string(str,c);
```

```
    print_string(str);
    return 0;
}
```

(2) file2.c (文件 2)

```
#include <stdio.h>
void enter_string(char str[80])
{
    gets(str);
}
```

(3) file3.c (文件 3)

```
#include <stdio.h>
void delete_string(char str[],char ch)
{int i,j;
    for(i=j=0;str[i]!='\0';i++)
      if(str[i]!=ch)
        str[j++]=str[i];
    str[j]='\0';
}
```

(4) file4.c(文件 4)

```
#include <stdio.h>
void print_string(char str[])
{
    printf("%s\n",str);
}
```

此程序的作用是：输入一个字符串(包括若干个字符)，然后再输入一个字符，程序就从字符串中将后输入的字符删去。如先输入字符串："This is a C program."，再输入字符 C，就会从字符串中删去字符 C，成为："This is a program."。

操作过程如下：

(1) 按照 15.2 节介绍的方法，建立一个新项目(项目名今指定为 project_2)。

(2) 按照 15.3 节介绍的方法，向项目 project_2 中添加新文件 file1.c，在编辑窗口中输入上面的文件 1 中的程序，并把它保存在 file1.c 中。同样，再先后添加新文件 file2.c、file3.c、file4.c，输入上面的文件 2、文件 3 和文件 4 中的程序，并把它们分别保存在 file2.c、file3.c 和 file4.c 中。

(3) 也可以用 15.3 节中第 2 部分介绍的方法，调入已编写好并存放在从 U 盘(或其他目录)中的 C 程序 file1.c、file2.c、file3.c 和 file4.c，并保存。我们现在采用的就是这种方法，向项目 project_2 调入这 4 个 C 程序。

(4) 此时在"解决方案资源管理器"中显示了在项目 project_2 中包含了这 4 个文件,见图 15.23。

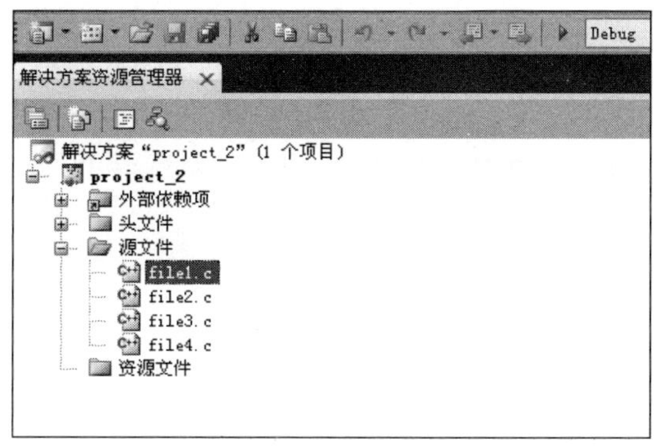

图 15.23

(5) 在主菜单中选择"生成"→"生成解决方案",就对此项目进行编译与连接,生成可执行文件。见图 15.24。在"生成"信息窗口中最后一行可以看到"生成成功"。

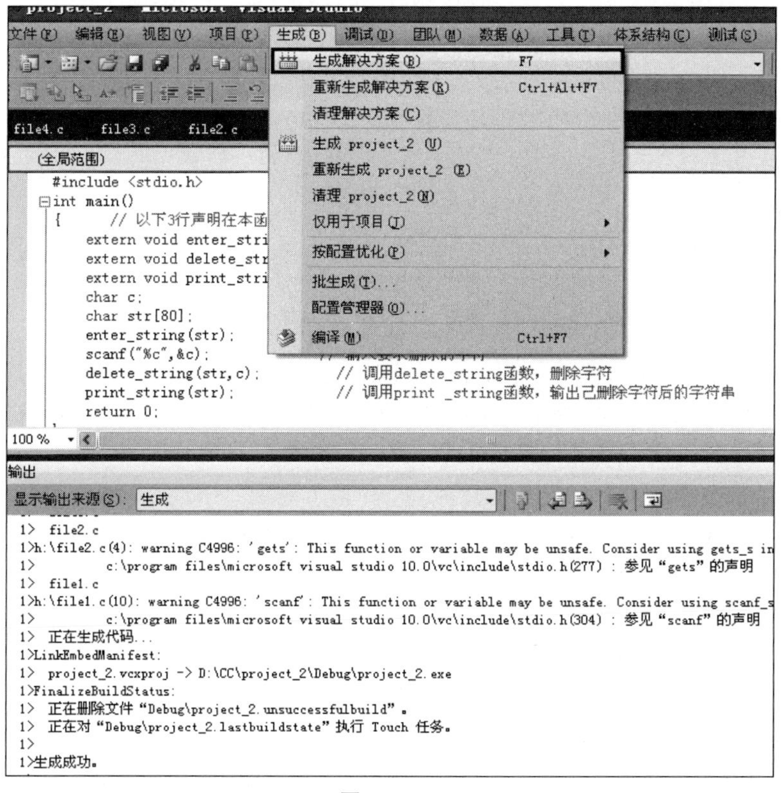

图 15.24

(6) 在主菜单中选择“调试”→“开始执行(不调试)”,运行程序,得到结果,见图 15.25。

图 15.25

15.8 关于用 Visual Studio 2010 编写和运行 C 程序的说明

在“C 程序设计”课程中,接触到的大多是简单的程序,用 Visual C++ 6.0 是比较简单方便的,可以直接在 Visual C++ 6.0 的集成环境中编辑、编译和运行一个 C 程序。

Visual Studio 2010 功能丰富强大,对于处理复杂大型的任务是得心应手的。但是如果用它来处理简单的小程序,如同杀鸡用牛刀,如同把火车轮子装在自行车上,反而觉得行动不便。例如,每运行一个 C 习题程序,都要分别为它建立一个解决方案和一个项目,运行 10 个程序往是要建立 10 解决方案和 10 个项目,显得有些麻烦。但是用熟了也就习惯了,在技术上不会有太大的困难。

其实,在运行大程序时,反而不需要建立这么多个解决方案,而往往只需要有一个解决方案就够了,在一个解决方案中包括多个项目,在项目中又包括若干文件,构成一个复杂的体系。Visual Studio 2010 提供的功能对处理大型任务是很有效的。

大学生学习“C 程序设计”课程,主要是学习怎样利用 C 语言进行程序设计。为了上机运行程序,当然需要有编译系统(或集成环境),但它只是一种手段。从教学的角度说,用哪一种编译系统或集成环境都是可以的。不要把学习重点放在某一种编译环境上。建议读者在开始时对 Visual Studio 2010 不必深究,不必了解其全部功能和各种菜单的用法,只要掌握本章介绍的基本方法,能运行 C 程序即可。在使用过程中再逐步扩展和深入。

如果将来成为专业的 C/C++ 程序开发人员,并且采用 Visual Studio 2010 作为开发工具时,就需要深入研究并利用 Visual Studio 2010 提供的强大丰富功能和丰富资源,以提高工作效率与质量。

Visual Studio 2008 和 Visual Studio 2010 的用法基本上是一样的,因此对 Visual Studio 2008 不再另作介绍。

第四部分

上机实验安排

第 16 章

上机实验的指导思想和要求

16.1 上机实验的目的

学习C语言程序设计课程不能满足于“懂得了”，满足于能看懂书上的程序，而应当熟练地掌握程序设计的全过程，即独立编写出源程序，独立上机调试程序，独立运行程序和分析结果。

程序设计是一门实践性很强的课程，必须十分重视实践环节。必须保证有足够的上机实验时间，学习本课程应该至少有20小时的上机时间，最好能做到与授课时间之比为1∶1。除了教师指定的上机实验以外，应当提倡学生自己课余抽时间多上机实践。

上机实验的目的绝不仅是为了验证教材和讲课的内容，或者验证自己所编的程序正确与否。学习程序设计，上机实验的目的是：

(1) 加深对讲授内容的理解，包括算法和语法。了解怎样利用计算机程序去处理面临的问题。尤其是语法规则，光靠课堂讲授，既枯燥无味又难以记住，但它们都很重要。通过多次上机，就能自然地、熟练地掌握。通过上机来掌握语法规则是行之有效的好方法。

(2) 了解和熟悉C语言程序开发的环境。一个程序必须在一定的外部环境下才能运行，所谓“环境”，就是指所用的计算机系统的硬件和软件条件。使用者应该了解，为了运行一个C程序需要哪些必要的外部条件(例如硬件配置、软件配置)，可以利用哪些系统的功能来帮助自己开发程序。每一种计算机系统的功能和操作方法不完全相同，但只要熟练掌握一两种计算机系统的使用，再遇到其他系统时便会触类旁通，很快就能学会。

(3) 学会上机调试程序。也就是善于发现程序中的错误，并且能很快地排除这些错误，使程序能正确运行。经验丰富的人在编译和连接过程中出现“出错信息”时，一般能很快地判断出错误所在，并改正之。而缺乏经验的人即使在明确的“出错提示”下也往往找不出错误而求救于别人。

要真正掌握计算机应用技术，就不仅应当了解和熟悉有关的理论和方法，还要求自己动手实现。对程序设计来说，要求会编程序并上机调试，使程序能正常运行，并且会分析运行结果，判断结果是否正确。

调试程序本身是程序设计课程的一个重要的内容和基本要求,应给予充分的重视。调试程序固然可以借鉴他人的现成经验,但更重要的是通过自己的直接实践来积累经验,而且有些经验是只能"意会",难以"言传"。别人的经验不能代替自己的经验。调试程序的能力是每个程序设计人员应当掌握的一项基本功。

因此,在上机实验时,千万不要在程序通过后就认为万事大吉、完成任务了。即使运行结果正确,也不等于程序质量高和很完善。在得到正确的结果以后,还应当考虑是否可以对程序做一些改进。

在进行实验时,在调试通过程序以后,可以进一步进行思考,对程序做一些改动(例如修改一些参数、增加程序的一些功能、改变输入数据的方法等),再进行编译、连接和运行。甚至于"自设障碍",即把正确的程序改为有错的(例如用 scanf 函数输入变量时,漏写"&"符号、使数组下标出界、使整数溢出等),观察和分析所出现的情况。这样的学习才会有真正的收获,是灵活主动的学习而不是呆板被动的学习。

16.2 上机实验前的准备工作

在上机实验前应事先做好准备工作,以提高上机实验的效率。准备工作至少应包括:

(1) 了解所用的计算机系统(包括 C 编译系统)的性能和使用方法。

(2) 复习和掌握与本实验有关的教学内容。

(3) 准备好上机所需的程序。手编程序应书写整齐,并经人工检查无误后才能上机,以提高上机效率。初学者切忌不编程序或抄别人的程序去上机,应从一开始就养成严谨的科学作风。

(4) 对运行中可能出现的问题事先作出估计,对程序中自己有疑问的地方,应作出记号,以便在上机时给予注意。

(5) 准备好调试和运行时所需的数据。

16.3 上机实验的步骤

上机实验时应该一人一组,独立上机。上机过程中出现的问题,除了是系统的问题以外,一般应自己独立处理,不要动辄问教师。尤其对"出错信息"应善于自己分析判断。这是学习调试程序的良好机会。

上机实验一般应包括以下几个步骤:

(1) 进入 C 工作环境(例如 Turbo C++ 3.0、Visual C++ 6.0 或 Visual Studio 2010 集成环境)。

（2）输入自己所编好的程序。

（3）检查一遍已输入的程序是否有错（包括输入时打错的和编程中的错误），如发现有错，及时改正。

（4）进行编译和连接。如果在编译和连接过程中发现错误，屏幕上会出现“报错信息”，根据提示找到出错位置和原因，加以改正。再进行编译……如此反复直到顺利通过编译和连接为止。

（5）运行程序并分析运行结果是否合理和正确。在运行时要注意当输入不同数据时所得到的结果是否正确（例如，解 $ax^2+bx+c=0$ 方程时，不同的 a、b、c 组合所得到对应的不同结果）。此时应运行几次，分别检查在不同情况下程序是否正确。

（6）输出程序清单和运行结果。

16.4 实验报告

实验后，应整理出实验报告。实验报告应包括以下内容：

（1）题目。

（2）程序清单（计算机打印出的程序清单）。

（3）运行结果（必须是上面程序清单所对应打印输出的结果）。

（4）对运行情况所做的分析以及本次调试程序所取得的经验。如果程序未能通过，应分析其原因。

第 17 章 实验安排

课后习题和上机题统一,教师指定的课后习题就是上机题(可以根据习题量的多少和上机时间的长短,指定习题的全部或一部分作为上机题)。本书给出 12 个实验内容供教学选用,教材中一章的内容对应一至两次实验。每次实验包括 4 个题目,上机时间每次为两小时。在组织上机实验时可以根据条件做必要的调整,增加或减少某些部分。在实验内容中有"*"的部分是选做的题目,如有时间可以选做这部分。

学生应在实验前将教师指定的题目编好程序,然后上机输入和调试。

17.1 实验 1 C 程序的运行环境和运行 C 程序的方法

1. 实验目的

(1) 了解所用的计算机系统的基本操作方法,学会独立使用该系统。

(2) 了解在该系统上如何编辑、编译、连接和运行一个 C 程序。

(3) 通过运行简单的 C 程序,初步了解 C 源程序的特点。

2. 实验内容和步骤

(1) 检查所用的计算机系统是否已安装了 C 编译系统并确定它所在的子目录。

(2) 进入所用的集成环境。

(3) 熟悉集成环境的界面和有关菜单的使用方法。

(4) 输入并运行一个简单的、正确的程序。

① 输入下面的程序:

```
#include <stdio.h>
int main()
{
    printf ("This is a C program.\n");
    return 0;
```

```
}
```

② 仔细观察屏幕上已输入的程序,检查有无错误。

③ 根据本书第三部分介绍的方法对源程序进行编译,观察屏幕上显示的编译信息。如果出现"出错信息",则应找出原因并改正之,再进行编译,如果无错,则进行连接。

④ 如果编译连接无错误,使程序运行,观察分析运行结果。

(5) 输入并编辑一个有错误的C程序。

① 输入以下程序(教材第1章中例1.2,在输入时故意漏打或打错几个字符)。

```
#include <stdio.h>
int main()
 {int a,b,sum
  a=123; b=456;
  sum=a+b
  print ("sum is %d\n",sum);
  return 0;
 }
```

② 进行编译,仔细分析编译信息窗口,可能显示有多个错误,逐个修改,直到不出现错误。最后请与教材上的程序对照。

③ 使程序运行,分析运行结果。

(6) 输入并运行一个需要在运行时输入数据的程序。

① 输入下面的程序:

```
#include <stdio.h>
int main()
  { int max(int x,int y);
   int a,b,c;
   printf("input a & b: ");
   scanf ("%d,%d",&a,&b);
   c=max (a,b);
   printf ("max=%d\\n",c);
   return 0;
  }

int max(int x,int y)
  {int z;
   if (x>y) z=x;
   else z=y;
   return (z);
  }
```

② 编译并运行,在运行时从键盘输入整数2和5,然后按回车键,观察运行结果。

③ 将程序中的第4行改为:

```
int a;b;c;
```

再进行编译,观察其结果。

④ 将max函数中的第3、第4两行合并写为一行,即:

```
if (x>y) z=x; else z=y;
```

进行编译和运行,分析结果。

(7) 运行一个自己编写的程序。题目是教材第1章的习题1.2。即输入 a、b、c 三个值,输出其中最大者。

① 输入自己编写的源程序。

② 检查程序有无错误(包括语法错误和逻辑错误),有则改之。

③ 编译和连接,仔细分析编译信息,如有错误应找出原因并改正。

④ 运行程序,输入数据,分析结果。

⑤ 自己修改程序(例如故意改成错的),分析其编译和运行情况。

⑥ 将调试好的程序保存在自己的用户目录中,文件名自定。

⑦ 将编辑窗口清空,再将该文件读入,检查编辑窗口中的内容是否刚才存盘的程序。

⑧ 关闭所用的集成环境,用Windows中的"我的电脑"找到刚才使用的用户子目录,浏览其中文件,看有无刚才保存的后缀为c和exe的文件。

3. 预习内容

(1)《C语言程序设计(第4版)》第1章。

(2) 本书第三部分中的有关部分(根据所用的C编译环境选择有关章节,如果用Visual C++ 6.0,则请事先阅读第14章)。

17.2 实验2 数据的存储与运算

1. 实验目的

(1) 掌握C语言数据类型,熟悉如何定义一个整型、字符型和实型的变量以及对它们赋值的方法。

(2) 掌握不同的类型数据之间赋值的规律。

(3) 学会使用C的有关算术运算符以及包含这些运算符的表达式。

(4) 学会编写简单的程序,初步掌握编程的思路。

(5) 学习怎样发现程序中的错误并改正,使之能正常运行。

(6) 进一步熟悉 C 程序的编辑、编译、连接和运行的过程。

2. 实验内容和步骤

(1) 输入并运行下面的程序：

```
#include <stdio.h>
int main()
 {char c1,c2;
  c1='a';
  c2='b';
  printf("%c  %c\n",c1,c2);
  return 0;
}
```

① 输入此程序，并检查有无错误。
② 编译并运行程序，分析结果。
③ 在上面 printf 语句的下面再增加一个 printf 语句：

```
printf("%d  %d\n",c1,c2);
```

再运行，并分析结果。
④ 再将第 4、第 5 行改为：

```
c1=a;                    //不用单撇号
c2=b;
```

再使之编译，分析编译结果。
⑤ 再将第 4、第 5 行改为：

```
c1="a";                  //用双撇号
c2="b";
```

再使之编译和运行，分析其运行结果。
⑥ 将第 3 行改为：

```
short int c1,c2;         //使 c1,c2 为两个字节的整型变量
```

再使之运行，并观察结果。
⑦ 再将第 4、第 5 行改为：

```
c1=97;
c2=98;
```

再使之编译和运行，分析其运行结果。
⑧ 再将第 4、第 5 行改为：

```
c1=289;                    //用大于255的整数
c2=322;
```

在上机前先用人工分析程序,写出应得结果,上机运行得到结果后将二者对照。

(2) 输入以下程序:

```
#include <stdio.h>
int main()
 {int i,j,m,n;
  i=8;
  j=10;
  m=++i;
  n=j++;
  printf("%d,%d,%d,%d\n",i,j,m,n);
  return 0;
 }
```

① 编译和运行程序,注意i、j、m、n各变量的值。

② 将第6、第7行改为:

```
m=i++;
n=++j;
```

再编译和运行,分析结果。

③ 程序改为:

```
#include <stdio.h>
int main()
 {int i,j;
  i=8;
  j=10;
  printf("%d,%d\\n",i++,j++);
  return 0;
 }
```

再编译和运行,分析结果。

④ 在③的基础上,将printf语句改为:

```
printf ("%d,%d\\n",++i,++j);
```

再编译和运行。

⑤ 再将printf语句改为

```
printf ("%d,%d,%d,%d\\n",i,j,i++,j++);
```

再编译和运行，分析结果。

⑥ 程序改为：

```
#include <stdio.h>
int main()
 {int i,j,m=0,n=0;
  i=8;
  j=10;
  m+=i++; n-=--j;
  printf("i=%d,j=%d,m=%d,n=%d\n",i,j,m,n);
  return 0;
 }
```

再编译和运行，分析结果。

(3) 按习题 2.2 的要求编好程序。该题的要求是：

有 1000 元，想存 5 年，可按以下 5 种办法存：

① 一次存 5 年期；

② 先存 2 年期，到期后将本息再存 3 年期；

③ 先存 3 年期，到期后将本息再存 2 年期；

④ 存 1 年期，到期后将本息再存 1 年期，连续存 5 次；

⑤ 存活期存款，活期利息每一季度结算一次。

分别给出了不同存期的利率。要求计算并比较不同存款方法的本息和。

- 输入事先已编好的程序，并运行该程序。
- 对程序进行编译，分析编译信息，决定是否要修改程序。
- 修改程序，使输出的结果为只保留 2 位小数。
- 把各利率改为用 scanf 函数输入。

(4) 按习题 2.3 的要求编好程序，该题的要求是：要将“China”译成密码，密码规律是：用原来的字母后面第 4 个字母代替原来的字母。例如，字母“A”后面第 4 个字母是“E”，用“E”代替“A”。因此，“China”应译为“Glmre”。请编一程序，用赋初值的方法使 c1、c2、c3、c4、c5 这 5 个变量的值分别为'C'、'h'、'i'、'n'、'a'，经过运算，使 c1、c2、c3、c4、c5 分别变为'G'、'l'、'm'、'r'、'e'，并输出。

① 输入事先已编好的程序，并运行该程序，分析是否符合要求。

② 改变 c1、c2、c3、c4、c5 的初值为'T'、'o'、'd'、'a'、'y'，对译码规律做如下补充：'W'用'A'代替，'X'用'B'代替，'Y'用'C'代替，'Z'用'D'代替。修改程序并运行。

③ 将译码规律修改为：将一个字母被它前面第 4 个字母代替，例如'E'用'A'代替，'Z'用'U'代替，'D'用'Z'代替，'C'用'Y'代替，'B'用'X'代替，'A'用'V'代替，修改程序并运行。

3. 预习内容

预习教材《C 语言程序设计(第 4 版)》第 2 章。

17.3 实验 3 最简单的 C 程序设计——顺序程序设计

1. 实验目的

(1) 掌握 C 语言中使用最多的一种语句——赋值语句的使用方法。
(2) 掌握各种类型数据的输入输出的方法,能正确使用各种格式转换符。
(3) 进一步掌握编写程序和调试程序的方法。

2. 实验内容和步骤

(1) 用下面的 scanf 函数输入数据,使 a=3,b=7,x=8.5,y=71.82,c1='A',c2='a'。问在键盘上如何输入?(本题是教材第 3 章习题 3.4)

```
#include <stdio.h>
int main()
{int a,b;
 float x,y;
 char c1,c2;
 scanf("a=%d b=%d",&a,&b);
 scanf("%f %e",&x,&y);
 scanf("%c %c",&c1,&c2);
 printf("a=%d,b=%d,x=%f,y=%f,c1=%c,c2=%c\n",a,b,x,y,c1,c2);
 return 0;
}
```

先后按以下方式输入数据,分析运行结果是否正确,如果不正确,说明为什么会不正确。

① 3 7↙
8.5 71.82 A a↙

② a=3 b=7↙
8.5 71.82 A a↙ (在 8.5,71.82,A 后面各有一个空格)

③ 在输入 8.5 和 71.82 两个实数后输入回车符。
a=3 b=7↙
8.5 71.82↙
A a↙

④ a=3 b=7↙

```
8.5 71.82A a↙                    (在 82,后面没有空格)
```

⑤ a=3 b=7↙

```
8.5   71.82A   a↙                (在每个数据后有多个空格)
```

(2) 设圆半径 $r=1.5$,圆柱高 $h=3$,求圆周长、圆面积、圆球表面积、圆球体积、圆柱体积。编程序,用 scanf 输入数据,输出计算结果。输出时要有文字说明,取小数点后两位数字(本题是教材第 3 章习题 3.5)。

(3) 编程序。输入一个华氏温度,要求输出摄氏温度。公式为:

$$c=\frac{5}{9}(F-32)$$

输出要有文字说明,取 2 位小数(本题是教材第 3 章习题 3.6)。

(4) 编程序,用 getchar 函数读入两个字符给变量 c1、c2,然后分别用 putchar 函数和 scanf 函数输出这两个字符(本题是教材第 3 章习题 3.7)。

① 事先编写好程序,输入程序,并进行编译、连接。

② 运行程序,分别按以下方法输入数据,分析结果。

(a) a b↙

(b) a↙
　　b↙

(c) ab↙比较用 printf 和 putchar 函数输出字符的特点。

③ 比较用 printf 和 putchar 函数输出字符的特点。

④ 思考以下问题:

(a) 变量 c1、c2 应定义为字符型或整型?还是二者皆可?

(b) 要求输出 c1 和 c2 值的 ASCII 码,应如何处理?用 putchar 函数还是 printf 函数?

(c) 整型变量与字符变量是否在任何情况下都可以互相代替?如:

ⓐ char c1,c2;

ⓑ int c1,c2;

是否无条件等价?

3. 预习内容

预习教材第 3 章。

17.4 实验 4　逻辑结构程序设计

1. 实验目的

(1) 了解 C 语言表示逻辑量的方法(用 0 代表"假",用非 0 代表"真")。

(2) 学会正确使用逻辑运算符和逻辑表达式。

(3) 熟练掌握 if 语句的使用(包括 if 语句的嵌套)。

(4) 熟练掌握多分支选择语句——switch 语句。

(5) 结合程序掌握一些简单的算法。

(6) 进一步学习调试程序的方法。

2. 实验内容

(1) 编一个程序,当给 x 输入任意的正数时,y 都输出 1;当给 x 输入任意的负数时,y 都输出 -1;当给 x 输入 0 时,y 输出 0。如果用数学形式表示,就是下面的函数。

$$y=\begin{cases}-1 & (x<0)\\ 0 & (x=0)\\ 1 & (x>0)\end{cases}$$

(本题是教材第 4 章习题 4.4)

请分别运行以下几个程序,分析其中哪个程序能实现题目要求。

① 程序 1:

```
#include <stdio.h>
int main ()
 {int  x,y;
  printf("enter x: ");
  scanf("%d",&x);
  if(x<0)
    y=-1;
  else
    if(x==0) y=0;
        else y=1;
  printf("x=%d,y=%d\n",x,y);
  return 0;
 }
```

② 程序 2: 将程序 1 中的 if 语句(第 6~10 行)改为下面程序的第 6~9 行。

```
#include <stdio.h>
 int main ()
 {int  x,y;
  printf("enter x: ");
  scanf("%d",&x);
   if(x>=0)
      if(x>0)  y=1;
      else  y=0;
```

```
  else y=-1;
 printf("x=%d,y=%d\n",x,y);
 return 0;
}
```

③ 程序 3：将程序 1 中的 if 语句(第 6～10 行)改为下面程序的第 6～9 行。

```
#include <stdio.h>
 int main ()
 {int  x,y;
  printf("enter x: ");
  scanf("%d",&x);
   y=1;
    if(x!=0)
      if(x>0) y=1;
    else y=0;
  printf("x=%d,y=%d\n",x,y);
  return 0;
 }
```

④ 程序 4：将程序 1 中的 if 语句(第 6～10 行)改为下面程序的第 6～9 行。

```
#include <stdio.h>
int main ()
{int  x,y;
  printf("enter x: ");
  scanf("%d",&x);
  y=0;
    if(x>=0)
      if(x>0)  y=1;
  else y=-1;
  printf("x=%d,y=%d\n",x,y);
  return 0;
}
```

(2) 给出一个百分制成绩，要求输出成绩等级 A、B、C、D、E。90 分及 90 分以上为 A，80～89 分为 B，70～79 分为 C，60～69 分为 D，60 分以下为 E(本题是教材第 4 章习题 4.6)。

① 事先编好程序，要求分别用 if 语句和 switch 语句来实现。运行程序，并检查结果是否正确。

② 再运行一次程序，输入分数为负值(如－70)，这显然是输入时出错，不应给出等级，修改程序，使之能正确处理任何数据，当输入数据大于 100 和小于 0 时，通知用户“输入数据错”，程序结束。

(3) 给一个不多于5位的正整数,要求编程序以实现下面的要求:

① 求出它是几位数;

② 分别输出每一位数字;

③ 按逆序输出各位数字,例如原数为321,应输出123。

(本题是教材第4章习题4.7)。

① 编写程序并通过编译和连接。

② 准备以下测试数据:

要处理的数为1位正整数;

要处理的数为2位正整数;

要处理的数为3位正整数;

要处理的数为4位正整数;

要处理的数为5位正整数。

除此之外,程序还应当对不合法的输入做必要的处理,例如:

输入负数;

输入的数超过5位(如123456)。

③ 在运行时先后输入以上整数,分析运行结果。如果结果不符合题目要求,则修改程序。

(4) 求 $ax^2+bx+c=0$ 方程的解。要求考虑系统 a、b、c 不同情况下的结果(本题是教材第4章习题4.9)。

3. 预习内容

预习教材第4章。

17.5 实验5　循环结构程序设计

1. 实验目的

(1) 熟悉掌握用while语句、do-while语句和for语句实现循环的方法。

(2) 掌握在程序设计中用循环的方法实现一些常用算法(如穷举、迭代、递推等)。

(3) 进一步学习调试程序。

2. 实验内容

编程序并上机调试运行。

(1) 输入一行字符,分别统计出其中的英文字母、空格、数字和其他字符的个数(本题是教材第5章习题5.2)。

在得到正确结果后，请修改程序使之能分别统计大小写字母、空格、数字和其他字符的个数。

(2) 输出所有的“水仙花数”，所谓“水仙花数”是指一个3位数，其各位数字立方和等于该数本身。例如，153是一水仙花数，因为$153=1^3+5^3+3^3$(本题是教材第5章习题5.3)。

(3) 猴子吃桃问题。猴子第一天摘下若干个桃子，当即吃了一半，还不过瘾，又多吃了一个。第二天早上又将剩下的桃子吃掉一半，又多吃了一个。以后每天早上都吃了前一天剩下的一半零一个。到第10天早上想再吃时，见只剩一个桃子了。求第一天共摘了多少桃子(本题是教材第5章习题5.4)。

在得到正确结果后，修改题目，改为猴子每天吃了前一天剩下的一半后，再吃两个。请修改程序并运行，检查结果是否正确。

*(4) 两个乒乓球队进行比赛，各出3人。甲队为A、B、C 3人，乙队为X、Y、Z 3人。已抽签决定比赛名单。有人向队员打听比赛的名单，A说他不和X比，C说他不和X、Z比，请编程序找出3对选手的对阵名单(本题是教材第5章习题5.7)。

3. 预习内容

预习教材第5章。

17.6 实验6 利用数组处理批量数据

1. 实验目的

(1) 掌握一维数组和二维数组的定义、赋值和输入输出的方法。

(2) 掌握字符数组和字符串函数的使用。

(3) 掌握与数组有关的算法(特别是排序算法)。

2. 实验内容

编程序并上机调试运行。

(1) 一个班10个学生的成绩，存放在一个一维数组中，要求找出其中成绩最高的学生的成绩和该生的序号(本题是教材第6章习题6.2)。

(2) 已知5个学生的4门课的成绩，要求求出每个学生的平均成绩，然后对平均成绩从高到低将各学生的成绩记录排序(成绩最高的学生的排在数组最前面的行，成绩最低的学生的排在数组最后面的行)(本题是教材第6章习题6.4)。

(3) 有一篇文章，共有3行文字，每行有80个字符。要求分别统计出其中英文大写字母、小写字母、数字、空格以及其他字符的个数(本题是教材第6章习题6.8)。

(4) 有一行电文，已按下面规律译成密码：

A→Z a→z
B→Y b→y
C→X c→x
⋮ ⋮

即第1个字母变成第26个字母,第2个字母变成第25个字母,第i个字母变成第(26−i+1)个字母。非字母字符不变。假如已知道密码是Umtorhs,要求编程序将密码译回原文,并输出密码和原文(本题是教材第6章习题6.9)。

3. 预习内容

预习教材第6章。

17.7 实验7 用函数实现模块化程序设计(一)

1. 实验目的

(1) 掌握定义函数的方法。
(2) 掌握声明函数的方法。
(3) 掌握函数实参与形参的对应关系,以及"值传递"的方式。
(4) 学习对多文件的程序的编译和运行。

2. 实验内容

编程序并上机调试运行之。

(1) 写一个判别素数的函数,在主函数输入一个整数,程序输出该数是否素数的信息(本题是教材第7章习题7.2)。

本程序应当准备以下测试数据:17、34、2、1、0。分别运行并检查结果是否正确。

要求所编写的程序,主函数的位置在其他函数之前,在主函数中对其所调用的函数作声明。

① 输入程序,编译和运行程序,分析结果。

② 将主函数的函数声明删去,再进行编译,分析编译结果。

③ 把主函数的位置改为在其他函数之后,在主函数中不含函数声明。

④ 保留判别素数的函数,修改主函数,要求实现输出100～200的素数。

(2) 写一个函数,将一个字符串中的元音字母复制到另一字符串,然后输出(本题是教材第7章习题7.6)。

① 输入程序,编译和运行程序,分析结果。

② 分析函数声明中参数的写法。先后用以下两种形式:

(a) 函数声明中参数的写法与定义函数时的形式完全相同,如:

```
void cpy(char s[],char c[]);
```

(b) 函数声明中参数的写法与定义函数时的形式完全相同,省写数组名。如:

```
void cpy(char s[ ],char [ ]);
```

分别编译和运行,分析结果。

③ 思考形参数组为什么可以不指定数组大小,如:

```
void cpy(char s[80 ],char [ 80])
```

如果随便指定数组大小行不行,如:

```
void cpy(char s[40 ],char [40])
```

请分别上机试一下。

(3) 输入10个学生5门课的成绩,分别用函数实现下列功能:

① 计算每个学生平均分;

② 计算每门课的平均分;

③ 找出所有50个分数中最高的分数所对应的学生和课程。

(本题是教材第7章习题7.11)。

(4) 写一个函数,输入一行字符,然后将此字符串中最长的单词输出。此行字符串从主函数传递给该函数(本题是教材第7章习题7.9)。

① 把两个函数放在同一个程序文件中,作为一个文件进行编译和运行。

② 把两个函数分别放在两个程序文件中,作为两个文件进行编译、连接和运行。

3. 预习内容

(1) 教材第7章。

(2) 本书第二部分中介绍的对多文件程序进行编译和连接的方法。

17.8 实验8 用函数实现模块化程序设计(二)

1. 实验目的

(1) 掌握函数的嵌套调用和递归调用的方法。

(2) 掌握全局变量和局部变量的概念和用法。

2. 实验内容

(1) 用递归法将一个整数n转换成字符串。例如,输入整数2008,应输出字符串

"2008"。n的位数不确定,可以是任意的整数(本题是教材第7章习题7.14)。

① 输入程序,进行编译和运行,分析结果。

② 分析递归调用的形式和特点。

③ 思考如果不用递归法,能否改用其他方法解决此问题,上机试一下。

(2) 输入4个整数 a、b、c、d,找出其中最大的数。用函数的递归调用来处理(本题是教材第7章习题7.13)。

① 输入程序,进行编译和运行,分析结果。

② 分析嵌套调用和递归调用函数在形式上和概念上的区别。在本例中既有嵌套调用也有递归调用,哪个属于嵌套调用?哪个属于递归调用?

③ 改用非递归方法处理此问题,编程并上机运行。对比分析两种方法的特点。

(3) 编写一个函数,由实参传来一个字符串,统计此字符串中字母、数字、空格和其他字符的个数,在主函数中输入字符串以及输出上述的结果(本题是教材第7章习题7.8)。

① 在程序中用全局变量。行编译和运行程序,分析结果。讨论为什么要用全局变量。

② 能否不用全局变量,修改程序并运行之。

(4) 求两个整数的最大公约数和最小公倍数,用一个函数求最大公约数,用另一函数根据求出的最大公约数求最小公倍数(本题是教材第7章习题7.1)。

① 不用全局变量,分别用两个函数求最大公约数和最小公倍数。两个整数在主函数中输入,并传送给函数f1,求出的最大公约数返回主函数,然后再与两个整数一起作为实参传递给函数f2,以求出最小公倍数,返回到主函数输出最大公约数和最小公倍数。

② 用全局变量的方法,分别用两个函数求最大公约数和最小公倍数,但其值不由函数带回。将最大公约数和最小公倍数都设为全局变量,在主函数中输出它们的值。

分别用以上两种方法编程并运行,分析对比。

3. 预习内容

教材第7章。

 17.9 实验9 善于利用指针(一)

1. 实验目的

(1) 掌握指针和间接访问的概念,会定义和使用指针变量。

(2) 能正确使用数组的指针和指向数组的指针变量。

(3) 能正确使用字符串的指针和指向字符串的指针变量。

2. 实验内容

编程序并上机调试运行以下程序(都要求用指针处理)。

(1) 输入3个整数,按由小到大的顺序输出,然后将程序改为:输入3个字符串,按由小到大顺序输出(本题是教材第8章习题8.1和习题8.2)。

① 先编写一个程序,以处理输入3个整数,按由小到大的顺序输出。运行此程序,分析结果。

② 把程序改为能处理输入3个字符串,按由小到大的顺序输出。运行此程序,分析结果。

③ 比较以上两个程序,分析处理整数与处理字符串有什么不同?例如:

(a) 怎样得到指向整数(或字符串)的指针。

(b) 怎样比较两个整数(或字符串)的大小。

(c) 怎样交换两个整数(或字符串)。

(2) 写一函数,求一个字符串的长度。在main函数中输入字符串,并输出其长度(本题是教材第8章习题8.6)。

分别在程序中按以下两种情况处理:

① 函数形参用指针变量。

② 函数形参用数组名。

作分析比较,掌握其规律。

(3) 将n个数按输入时顺序的逆序排列,用函数实现(本题是教材第8章习题8.10)。

① 在调用函数时用数组名作为函数实参。

② 函数实参改为用指向数组首元素的指针,形参不变。

分析以上二者的异同。

(4) 将一个3×3的整型二维数组转置,用一函数实现之(本题是教材第8章习题8.13)。

在主函数中用scanf函数输入以下数组元素:

```
 1   3   5
 7   9  11
13  15  19
```

将数组第1行第1列元素的地址作为函数实参,在执行函数的过程中实现行列互换,函数调用结束后在主函数中输出已转置的二维数组。

请思考:

① 指向二维数组的指针,指向某一行的指针、指向某一元素的指针各应该怎样表示。

② 怎样表示i行j列元素及其地址。

3. 预习内容

预习教材第10章。

17.10 实验10　善于利用指针(二)

1. 实验目的

(1) 进一步掌握指针的应用。

(2) 能正确使用数组的指针和指向数组的指针变量。

(3) 能正确使用字符串的指针和指向字符串的指针变量。

(4) 了解指向指针的指针的用法。

2. 实验内容

根据题目要求,编写程序(要求用指针处理),运行程序,分析结果,并进行必要的讨论分析。

(1) 有n个人围成一圈,顺序排号。从第1个人开始报数(从1到3报数),凡报到3的人退出圈子,问最后留下的是原来第几号的人(本题是教材第8章习题8.5)。

(2) 有一字符串a,内容为"My name is Li jilin",另有一字符串b,内容为"Mr. Zhang Haoling is very happy."。写一函数,将字符串b中从第5个到第17个字符(即"Zhang Haoling")复制到字符串b中,取代字符串a中第12个字符以后的字符(即"Li jilin")。输出新的字符串a(本题是教材第8章习题8.7)。

(3) 在主函数中输入10个等长的字符串,用另一函数对它们排序;然后在主函数输出这10个已排好序的字符串(本题是教材第8章习题8.9)。

(4) 输入一个字符串,内有数字和非数字字符,例如:

```
a123x456  17960?  302tab5876
```

将其中连续的数字作为一个整数,依次存放到一数组a中。例如,123放在a[0],456放在a[1]……统计共有多少个整数,并输出这些数(本题是教材第8章习题8.12)。

3. 预习内容

预习教材第8章。

17.11 实验11　使用结构体类型处理组合数据

1. 实验目的

(1) 掌握结构体类型变量的定义和使用。

(2) 掌握结构体类型数组的概念和应用。

(3) 了解链表的概念和操作方法。

2. 实验内容

编程序,然后上机调试运行。

(1) 编写一个函数 print,打印一个学生的成绩数组,该数组中有 5 个学生的数据记录,每个记录包括 num、name、score[3],用主函数输入这些记录,用 print 函数输出这些记录(本题是教材第 9 章习题 9.3)。

(2) 有 10 个学生,每个学生的数据包括学号、姓名、3 门课程的成绩,从键盘输入 5 个学生数据,要求输出 3 门课程总平均成绩,以及最高分的学生的数据(包括学号、姓名、3 门课程的成绩、平均分数)(本题是教材第 9 章习题 9.5)。

要求用一个 input 函数输入 10 个学生数据,用一个 avcrage 函数求总平均分,用 max 函数找出最高分学生数据,总平均分和最高分的学生的数据都在主函数中输出。

(3) 13 个人围成一圈,从第 1 个人开始顺序报号 1、2、3。凡报到"3"者退出圈子,找出最后留在圈子中的人原来的序号。本题要求用链表实现(本题是教材第 9 章习题 9.6)。

*(4) 建立由 3 个学生数据结点构成的单向动态链表,向每个结点输入学生的数据(每个学生的数据包括学号、姓名、成绩)。然后逐个输出各结点中的数据(本题是教材第 9 章习题 9.7)。

3. 预习内容

预习教材第 9 章。

17.12 实验 12　文件操作

1. 实验目的

(1) 掌握文件以及缓冲文件系统、文件指针的概念。
(2) 学会使用文件打开、关闭、读、写等文件操作函数。
(3) 学会对文件进行简单的操作。

2. 实验内容

编写程序并上机调试运行。

(1) 有 5 个学生,每个学生有 3 门课程的成绩,从键盘输入以上数据(包括学号、姓名、3 门课程成绩),计算出平均成绩,将原有数据和计算出的平均分数存放在磁盘文件 stud 中(本题是教材第 10 章习题 10.6)。

设 5 名学生的学号、姓名和 3 门课程成绩如下:

```
99101    Wang    89,98,67.5
99103    Li      60,80,90
99106    Fun     75.5,91.5,99
99110    Ling    100,50,62.5
99113    Yuan    58,68,71
```

在向文件 stud 写入数据后,应检查验证 stud 文件中的内容是否正确。

(2) 将上题 stud 文件中的学生数据按平均分进行排序处理,将已排序的学生数据存入一个新文件 stu_sort 中(本题是教材第 10 章习题 10.7)。

在向文件 stu_sort 写入数据后,应检查验证 stu_sort 文件中的内容是否正确。

(3) 将上题已排序的学生成绩文件进行插入处理。插入一个学生的 3 门课程成绩,程序先计算新插入学生的平均成绩,然后将它按成绩高低顺序插入,插入后建立一个新文件(本题是教材第 10 章习题 10.8)。

要插入的学生数据为

```
99108   Xin     90,95,60
```

在向新文件 stu_new 写入数据后,应检查验证 stu_new 文件中的内容是否正确。

*(4) 上题的结果仍存入原有的 stu_sort 文件,而不另建立新文件(本题是教材第 10 章习题 10.9)。

3. 预习内容

预习教材第 10 章。

图书资源支持

感谢您一直以来对清华版图书的支持和爱护。为了配合本书的使用，本书提供配套的资源，有需求的读者请扫描下方的“书圈”微信公众号二维码，在图书专区下载，也可以拨打电话或发送电子邮件咨询。

如果您在使用本书的过程中遇到了什么问题，或者有相关图书出版计划，也请您发邮件告诉我们，以便我们更好地为您服务。

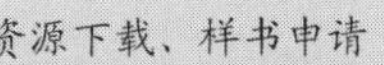

书圈

我们的联系方式：

地　　址：北京市海淀区双清路学研大厦 A 座 701

邮　　编：100084

电　　话：010-83470236　010-83470237

资源下载：http://www.tup.com.cn

客服邮箱：2301891038@qq.com

QQ：2301891038（请写明您的单位和姓名）

扫一扫，获取最新目录

课 程 直 播

用微信扫一扫右边的二维码，即可关注清华大学出版社公众号“书圈”。